知っておきたい農協論

渡辺　邦男

北海道協同組合通信社

目　次

はじめに

今から約１７０年前の１８４４年、イギリス・ランカシャー州の小都市、ロッチデールに世界で最初の協同組合といわれるロッチデール公正先駆者組合がつくられた。

わが国では、明治維新後の１９００（明治33）年、産業組合法が成立し、農林水産業（第１次産業）の振興と発展をもくろむ政府の勧奨の下、産業組合が全国的に組織された。

やがて、第2次世界大戦を経て、連合国軍総司令部（ＧＨＱ）の占領下にあった政府は１９４７（昭和22）年、農業協同組合法（農協法）を制定し、農業協同組合（農協）が全国の津々浦々にまでつくられていった。

その後の農協の運営は、農業者の豊かさを目指す生産意欲と政府の食料の安定生産政策が相まって、必ずしも順風とはいえないものの破綻することなく今日まで推移してきた。

そんな中、農協法が改正され、２０１６（平成28）年4月1日に施行された。これまでの法改正とは、趣を異にする改正である。

産業組合や農協は、政府の重点政策である農業を振興し、国民の食料を安定的に確保するため常に連携し、その与えられた役割を果たすよう努めてきた。

この改正では、その役割を農協（協同組合）ではなく、別の企業形態である株式会社に移行したいとの思惑が見て取れる。これからは、農協ではその役割を果たせないというのだ。

私たちはこの現実とどう向き合えばよいのだろうか。

この機会にもう一度、農協について学習し、みんなで考えてみよう、というのが本書の目的である。よく話に出る農協の原点についても確認してほしい。改正農協法の下で、これからの農協はどうあるべきかについても述べてみた。

本書が農協に関わる人々の一助となることができれば、うれしい限りである。

一人ではできないことを取りまとめて行い成果を上げる

食料を消費者に届けて対価を受け取ることで農業が成り立つ

読者の多くは、専業的な農業経営を行い、農産品（畜産品を含む）を生産し、これで収入を得て生活している、いわゆる農業者である（農協法では、農民または小規模な農業を営む法人を農業者という。本書では、農家や組合員と呼ばず、農業者と呼ぶ）。

農業者は、一般的な稲作や畑作農業であれば、おおむね**表1**の工程で営農を行っている。この1年を営農年度と呼ぶ。このうち、1月から3月までは営農準備期間で、4月から10月まで農作業など営農を行い、その成果として生産した農産品を収穫する。

歴史上、古代から前近代までの農業は、主に自給自足を目的にしていた。従って、収穫した農産品は住居内や住居近くに保管、保存（漬物や乾物にすることもある）して、翌年の収穫期までの生活（生きるため）の糧とした。時には、農産品を海産品や衣服装飾品と交換（物々交換）することもあるが、それは

表1　営農年度の工程

1月	営農計画を立てる（営農計画書の作成）
2～3月	営農資材を購入する（種子、肥料、農薬、資材など）
4～5月	農耕する（育苗、耕作、代かき、播種、移植、施肥など）
6～8月	農作物を管理する（防除、除草、追肥など）
9～10月	農産品を収穫する（出荷、売り渡し）
11～12月	農産品代金の受け入れ、営農資材代金の支払い（農業経営の決算、収支の確定）

あくまで副次的な取引である。

これに対し、今日行われている農業は、商業的農業といわれる。近代の商業的農業では、収穫した農産品は主に、それを食料として欲する消費者の元に送り届けられる。これにより農業が成り立っている。農業者は、その対価を消費者から通貨（金銭）で受け取り、収入とする。自給分は副次的な扱いである。今日の農業では、収穫した農産品を消費者の元に送り届けなければならないことになる。

農業者自らによる収穫後の対応は困難

農業者は、農産品の作付けから収穫までを自らの手で行うが、収穫した農産品を消費者の元に送り届けるところまで自分で行うのは現実的に困難である。

稲作を例に見てみよう。農業者は収穫した米（もみ）を農協のライスセンター（ライスターミナル）に搬送し入庫する。入庫後は、農協のライスセンターが乾燥、選別、調製、貯蔵などを行い、市場、スーパーや小売店などを経由して消費者に届けられる。

これが小麦であれば、農協の麦類乾燥調製貯蔵施設（麦乾施設）に入庫する。農協の馬鈴しょ貯蔵加工施設や青果・野菜集出荷施設などの他、酪農なら集乳運搬事業がこれに当たる。

農業者が収穫した農産品は、農協に集められ、農協から食品製造加工、

図1　農産品と通貨の流れ

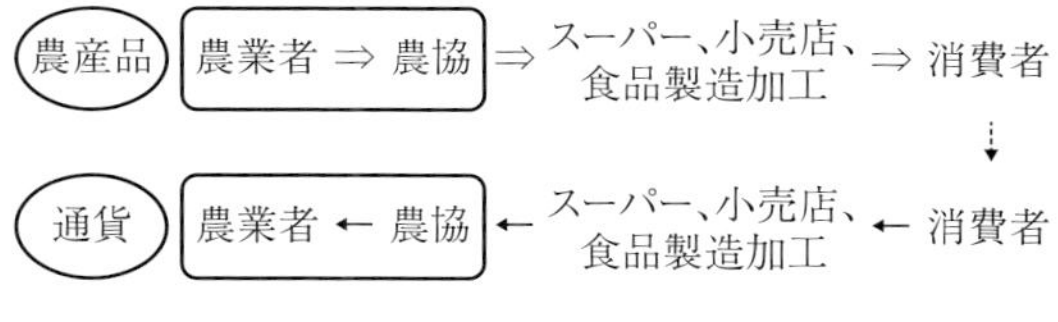

市場、スーパーマーケットや小売店に出荷され、消費者の元に届く（前ページ**図1**上段）。消費者は、これを購入して金銭を支払い、その通貨は農協を経由して、収穫した農業者の元に収入として入る（同**図1**下段）。

地域農業者で負担してライスセンター取得

話は収穫した米に戻る。農業者は、収穫した米を保管する施設を自前で持っていない。大規模専業的に農業を行い、収穫量を増やしてできるだけ多くの収入を得ようとすれば、農業者が個別にこれら施設を取得して運用することは、資金調達面からも作業労働面からも困難だからである。仮に、これら施設を持ったとしても乾燥（あるいは予冷）、選別、調製、貯蔵などを行うことは難しい。仮に、これができたとしても、製品にして輸送し、消費者の元に届けること、さらに農業者の収入となる対価を金銭で受け取ることは、もっと難しい。

近隣を見渡すと農業者の誰もが同じ状況にある。水稲地帯であれば、誰もがまずライスセンターを必要とする。ある地域にライスセンターを必要とする稲作農業者が500戸あるとしよう。全戸のもみを収容できるライスセンターを取得するのに5億円かかるとすると500戸の均等負担で1戸100万円。これは稲作農業者にとって決して小さな負担ではないだろうが、1戸で何億円もの施設を持つことは到底できない。

1戸100万円を出資してライスセンターを取得したこの地域の500戸の稲作農業者は、個々ではできなかった、米を消費者の元に届けて対価を回収することができるようになる。

出資した農業者が営農関連施設を運営

このように取得したライスセンターは、１００万円を均等負担した農業者自身が運営することになる。麦乾施設、馬鈴しょ貯蔵加工施設や青果・野菜集出荷施設など、他の農畜産品を集荷する施設も同じだ。さらに農業経営に関わる営農資材のための格納倉庫、農産品代金の受け入れや営農資材代金の支払いのための金融事業の店舗設置もまた同様である。

農業者は、一人でできることは一人で行い、一人ではできないことや、できても成果の上がらないことを、取りまとめて行うことにより成果を上げる目的で農協を設立したのである。

営農も農協も主役は農業者である

最初に必要となる施設・設備の取得

取りまとめて行う事業とは、①農業者が生産する水稲、畑作物、野菜、生乳、畜産物などの農産品を取り扱う販売事業②農業者に肥料、飼料、農薬、種子や農業機械などの営農資材を供給する購買事業③農業者の農産品代金の受け入れや営農資材代金の支払い、農業経営資金、農地取得資金の貸し付けなどを行う信用事業④農業者の生活の安定と将来の安心を担う共済事業⑤農業者が共同使用する利用・施設・加工事業─などである。

今日の農協では、これらの事業を総括して、総合事業と呼んでいる。

さて、農業者が農協をつくるに当たり、最初に必要となるのは、これらの事業を行うための施設・設備や事務所、店舗などである。それらを取得するには、建設するにせよ、賃借するにせよ、まとまった資金が必要である。事業を行う上でも、運用、運転の資金は欠かせない。

農業者以外に頼らず資金を用意し、自分たちで運営する

農協をつくり、事業を行うために必要な資金は誰が用意するのか。

農業者が、自分たちで用意し、拠出するのが農協のルールである。

農業者以外からの助成や寄付に頼らないのが農協の基本姿勢であり、原則となっている。

この拠出する資金を農協では「出資金」という。農協をつくるために、農業者は相当額の拠出を要することになる。

農協は農業者の出資金によりつくられ、農業者のための事業を行うことになるが、取得した施設・設備や事務所、店舗などを効率的に稼働させ、農業者の期待に応えるために、適切な運営をしなければならない。

農業者の期待に応える適切な運営は誰がするのか。農業者が、自分たちで運営するのが農協の次のルールである。農業者は、拠出して、農協をつくり、運営者となって農協運営に当たるということになる。

取りまとめた事業の成果で豊かな生活を

農業者は、なぜ、自ら拠出して農協をつくり、自ら運営者となって農協運営に当たるのか。農協の行う事業を利用し、多くの収入や所得を得て、豊かな生活を実現するためである。

すなわち、農業者は一人ではできないことや、できても成果の上がらないことを、農協をつくり、取りまとめて事業として行い、それにより得られる成果を受け取るのである。

農業者は農協の「出資者＝運営者＝事業利用者」ということができる。そしてその農業者を農協は、（農業協同組合なので）組合員と呼ぶ。

商社や商系業者の利潤は利用者に配分しない

農協以外にも、農業者のできないことを事業として取り扱う企業がある。農業者の農産品の買

表2　農協と商社・商系業者との違い

	農　協	商社・商系業者
形　態	協同組合	株式会社
目　的	農業者のできないことを販売、購買などの事業として行う	農業者のできないことを農産品の買い取りや生産資材の売り渡しで取り扱う
組織者・運営者	農業者＝組合員 農業者に限定	資本家、投資家＝株主 農業者以外の者
根拠法	農業協同組合法	商法、会社法
営利の基　準	非営利：組合員の営農と生活の向上を目指すが、剰余金は組合員に配当する	営利：利潤の追求を優先する 利潤は株主に分配する（組織外へ流出）
運営方法	１人１票（人権に基づく民主的運営）	１株１票（大口株主による支配的運営）

い取りや農業者に営農資材を売り渡す商社、商系業者などである。これらの企業のほとんどは、株式会社という形態を採っている。

表2を見てほしい。農協と商社、商系業者の違いを示した。農協は協同組合という形態を採る。従って、その根拠法も異なる。

農協は、農業者が自ら拠出してつくり、自ら運営し、自らが事業利用するのに対し、株式会社は、農業者以外の者がつくり、運営し、事業利用は、売買という形で農業者と行う。

次に営利の基準を見てほしい。農協は農業者の収入や所得を増やし、営農や生活の向上を目指すが、その経営において利益があれば（これを剰余金と呼ぶ）、事業利用配当や出資配当として農業者に配当する。

株式会社の場合、そこから利潤を上げる（営利）ことが最大の目標となる。利潤は、株主や投資家に優先して分配される。農協の利益は、農業者に配当されるのに対し、株式会社の利潤は事業利用者である農業者には分配されないのである。

表2の最下段には運営方法について記載した。1人1票の民主的運営こそ、農協が〝理念の組織、扶助の組織〟といわれる

ゆえんである。

農業と農協の主役は農業者であるという認識

農業は、農業者の手で農産品の作付けから収穫まで行われる。農産品を消費者へ届けてから精算までは農協の手で行われる。

農業者は、農業という産業において、この両方を担う主役である。しかし、現況においては、農業の主役であるが農協においては主役だと思わない農業者が多い。

報徳理念（二宮尊徳が唱える自助の精神）の普及活動をしている北海道報徳社が発行した「協同組合と報徳（Ｖ）」の7ページに次の記事がある。

「農協青年部の方と話をした時のことです。『農協は取引先の一つと思っていました。周りの仲間の組合員も、農協は他の商系業者と同じ取引先と見ており、条件を見ながら農協と取引をするかどうかを決めています。そのため、親の世代のように農協の事業方針に対する意見を積極的に言うことはなく、農協の事業理念についてはよくわかりません』と話されていました」

また北海道大学農学部の小林国之准教授らが実施したある農協の青年部員アンケート調査では、「農協と株式会社の違いについて」の質問に対し、「よく知っている」「大体知っている」と回答した割合は、3割弱だったという（**表3**）。

表3　小林准教授らが実施したアンケート調査の結果

ＪＡの意義や一般の株式会社との違いについて、どの程度知っていますか（○は一つだけ）

回答項目	回答数	
よく知っている	9	27%
大体知っている	47	
少し知っている	58	28%
あまり知らない	81	45%
全く知らない	14	

出所:「協同組合と報徳（Ｖ）」

農業者が商社・商系業者（株式会社）に生産した農産品を売り渡し、同じく肥料や飼料、農薬、種苗などの営農資材を買い入れるのであれば農協は必要なくなる。「出資者＝運営者＝事業利用者」にならないのだ。

今日の若い農業者の周辺において、このような話や意識が当たり前になっている。そうだとすれば、若い農業者に農協事業の理念をきっちり説明していない側の責任は甚だ大きいと言わざるを得ない。もちろん私も含めてである。私が本書を書く目的もそこにある。

産業革命が資本主義を生み、やがて協同組合がつくられる

ロッチデール公正先駆者組合に見る農協の原点

農協の研修会、懇談会などに出席すると、組合長や役員から「私たちの農協は、今こそ原点に立ち返って、運営や事業を見直すことが求められている」といった話がある。また、今日の農協改革論議の中で、農協の研究者や評論家にも「今こそ農協は原点に返ろう」との主張がある。どういうことなのか、深く掘り下げながら考えてみたい。

農協の原点は、「協同組合の母」といわれるロッチデール公正先駆者組合の運営に見ることができる。従って、この組合の生い立ちと歩みについて学べば、農協の原点にたどり着く、というのが私の農協論の機軸である。

ロッチデール公正先駆者組合は1844年、イギリス・ランカシャー州の小都市、ロッチデールで誕生した。

ちなみに「協同組合の父」といわれるのは、協同組合の理念や運動の源流となった同年代の社会運動家、ロバート・オーエンである。

世界史を書き換えた蒸気機関の発明

ロッチデール公正先駆者組合の運営を取り上げるに当たり、どうしても先に触れておかなければ

ばならないのが、当時（１７６０年ごろから１８５０年ごろまで）のイギリスの社会変革である。特に産業革命と資本主義経済の成立は、この国の歴史を丸ごと変えることとなる。さらにその後の世界の歴史をも変えてしまう。もちろん日本の歴史をも、である。

世界史上では、それ以前を中世、以後を近代（近代国家とか近代社会など）と呼ぶようになる。そして近代は今日まで続いている。

それほどまでに大きく歴史を書き換えた産業革命が18世紀後半、イギリスで起こる。農業、商業、工業、鉱業など一国の産業が、ある発明を起点として革命的に変貌する。その発明は蒸気機関である。これまで主として、人の手で営まれていた産業が、蒸気機関を用いて営まれることになる。

当時のイギリスの主たる産業であった羊毛を原料とする紡績・繊維を例に見てみよう。

羊飼いが飼育した羊から刈り取った毛（羊毛）は、紡ぎ職人の元に届けられ、糸車や紡ぎ機で糸や毛糸になる。糸や毛糸は織物職人の元に送られ、織り機で織物（生地、布地）となる。次に織物は、服仕立職人や帽子職人の手で、洋服や帽子となって、市民や庶民が着用した。この中には、これらの物を運ぶ（人が担いだり、荷車に積んだりして）ことを職業とする者もいた。

蒸気機関の発明により、糸車や紡ぎ機は蒸気機関を動力とする紡績機に、織り機（足踏み式）は同じく機織り機（機械式）に発展する（ジェームズ・ワットの蒸気機関が有名）。さらに蒸気機関車の発明で、鉄道が荷物を運ぶ主役となる（スチーブンソンの蒸気機関車が有名）。

そのことが革命といわれるのは、生産力（生産量）が従来の何百倍、何千倍にも爆発的に拡大したからである（鉄道による輸送力を含めて）。

当然、原料である羊毛も大量に必要となり、地方の有力者や大地主は牧草地、農地を囲い込んで（他人の土地も不法に占領して）大規模に羊を飼育するようになる（エンクロージャー＝囲い込み＝という）。

イギリスの産業全体がこのようにして、一気に革命的に拡大した。

250年続く莫大《ばくだい》な利潤を分配する仕組み

その結果、イギリスの社会や経済は、どう変わったのだろうか。

蒸気機関の紡績機や機織り機を導入した工場の経営者、蒸気機関車の鉄道経営者、大規模な羊毛生産者らが誕生する。彼らは、それが莫大な利潤を生むことを確証することになる。

やがて彼ら以外にも、大きな資産や資金を持っている者が、この事業に投資するようになる。その目的は、莫大な利潤の分配にあずかることだ。産業革命により、事業（生産）が飛躍的に拡大し、それにより莫大な利潤が生まれる。莫大な利潤は、その事業に関わる（資金的に）者に、関わる割合に応じて分配される。

資本主義経済の始まりである。資本主義は近年において世界で最も優れた経済の仕組みとなった。なぜなら、1760年ごろにイギリスで始まった資本主義は、250年を経過した今日に至っても、依然として、世界経済の主役だからである。

職なくし低賃金労働強いられた貧困層

資本主義経済は、本当にそれほど優れた仕組みなのだろうか。実は、この仕組みには、大きな欠陥が幾つかあった。

その一は、市民、庶民の間に大きな貧富の格差が生まれたことである。紡績・繊維など大工場の経営者、鉄道経営者、大農場主、これらの事業に資産や資金を投資する投資家や資本家に莫大な利潤が分配されるようになり、大富豪といわれる階層（富裕層）が誕生した。

他方、紡ぎ職人、織物職人、羊飼い、運搬人などはおしなべて職を失うことになる。もしくは低賃金で雑用作業を長時間強いられる労働者となり、貧困生活に陥る（貧困層）市民、庶民が多く生まれた。

富裕層は、失業者や労働者を決して自分の側の仲間に入れようとはしなかった。それどころか、賃金を低くし労働時間を長くすることが自分たちの利潤をさらに大きくすることを知っており、それを実行した。

その二は、粗悪品や有害食品、量目不足品などの不良品が多く出回るようになったことである。大工場の経営目的として、多くの利潤を上げ、それを経営者や投資家、資本家に分配することが最重視されると、街中にはまがい物の原料を使った商品や目方をごまかした食品が横行した。それまでして利潤を優先させたのである。もはや街中で、良質で純良な商品や食品を手に入れることさえ難しくなった。

この過程において、産業（事業）は紡ぎ職人、織物職人、羊飼い、運搬人など個人の手から離れて、大工場、鉄道、大農場などの企業や会社（法人）の手に移っていった。

株式会社という形態の企業の始まりである。資本主義経済とその代表格である株式会社は、この日から欠陥と矛盾を引きずったまま、今日まで続いてきたわけである。

個人経営の農業者が選択した法人の形態

今日、わが国においても産業（事業）を営んでいるのは、製造業、サービス業を問わず、そのほとんどが株式会社という形態の企業である。

それでも戦後のバブル経済崩壊前ぐらいまでは、街中に個人経営の八百屋や魚屋、洋服屋があり、ラーメン屋も居酒屋も、鍛冶屋や自動車修理工場もあった。それが今ではどうだろう。

その中にあって、農業はどうであろうか。農産品を生産して収穫するまで（農業の前段）は、個人の手によっている。個人が営農しているわけである。資本主義経済の中にあって、それはまれといえる。ただし、消費者に届けるまで（農業の後段）は、個人ではできない（できても成果が上がらない）。これまで述べてきた通りだ。それを行うためには法人（企業）が必要である。

農業者は、株式会社ではなく、協同組合という形態の法人（企業）を選択した。その理由は、農業者はこれまでの歴史において、経営者や投資家、資本家としての階層ではなく、紡ぎ職人、織物職人、羊飼い、運搬人などの階層の個人に属していたからである。協同組合はその階層の人たちがつくり出したのである。

幸せで豊かな社会を目指して小さな生活店舗から始まる

営利主義の批判としての協同主義

産業革命は、人（人間）の存在さえも変えてしまった。商業、工業、農業など主たる産業の主役は人（個人）から法人（企業・会社）に替わった。

そして人は、法人を支配する者と法人に支配される者およびそこからも排除された者に分割されてしまった。以後、前者は経営者、資本家、投資家など富裕層と呼ばれ、後者は労働者、職人や失業者など貧民層と呼ばれるようになる。

「協同組合の父」とうたわれ、協同組合運動の思想的源流をつくったロバート・オーエンは、この時代に最新で最大規模の綿糸紡績工場を経営する大企業経営者であった。

彼は他の大企業経営者と異なり、利潤追求を優先する営利主義を批判し、人（人間）を幸せで豊かにすることを優先する経営を行った。

人を富裕層と貧困層に区別しなかった。具体的には労働者の賃金、労働時間などの待遇改善、住居などの生活環境整備を行った。悪い社会環境が長く続くと人はその影響で性格がゆがんでしまい、環境が改善されても直らないことから、性格形成のための教育を重視し幼児や児童の教育を行うための幼稚園（世界で最初）や学校をつくった。

この考え方は営利主義に対し協同主義といわれる。

著名な協同組合研究家であり、ロバート・オーエンに詳しい本位田祥男氏（故人）は、その論文「ロバアト・オウエンと協同組合」に次のように記している。

「オウエンが協同を主張したのは単なる手段としてだけではなかった。協同が幸福な生活の内容であるとしたのである。営利主義に従って多くの金をもうけても、その人は決して真に幸福ではありえない。金もうけのために心の温もりをまるで犠牲にしている。人はその同胞を幸福にすることをたえずねがうようにされなければ、みずからも幸福にはなりえない」（「ロバアト・オウエン論集」25ページ、家の光協会）。

ロバート・オーエンの協同主義は当時の市民活動や労働運動に大きな影響を与え、これを実践しようと協同組織が次々つくられた。しかし、成功するには至らなかった。

1人1ポンド出資し食料品を扱う店開く

１８４４年、ランカシャー州の小都市、ロッチデールに住むロバート・オーエンの熱狂的な支持者である織物職人ら28人が、古い倉庫の一角に質素で小さな生活店舗を開いた。扱う品は、小麦粉、バター、砂糖、オートミールの四つ。いずれも庶民生活の必需品でありながら、街で売られている物は、粗悪品、量目不足や不純品ばかりであった。

この店舗は、28人が1ポンドずつ出し合った28ポンドを原資に、共同責任で経営した。もちろん4品とも純質、純良で量目も確かであり、28人は専らこの店舗を利用した。

店舗の事業高は、年々拡大し、当初の７００ポンドから16年後の１８６０年には15万ポンドを超えるまでになった。出資者も28人から３４５０人となる（次ページ**図2**）。

株式会社と異なる法人の成功と拡大

後に「協同組合の母」と呼ばれるようになるロッチデール公正先駆者組合と名付けられたこの生活店舗が、なぜこのように成功し、拡大したのだろうか。それは、この店舗が単なる商品や食品の売り場ではなく、人（人間）を尊重し、人々が幸せで豊かに暮らせる社会を築こうという高い理念の下に運営されたからである。人々は1ポンドを元手に、人生の夢をこの店舗に託した。

その理念は、多くの人に引き継がれ、イギリス全土の隅々まで組合という名の生活店舗が設立された。

この組合はその後、協同組合（Co-operatives）と呼ばれる。株式会社とは全く異なる形態の法人（企業）の誕生である。以後、株式会社は営利主義、協同組合は協同主義を掲げて今日に至る。

図2　ロッチデール公正先駆者組合の事業16年間の歩み

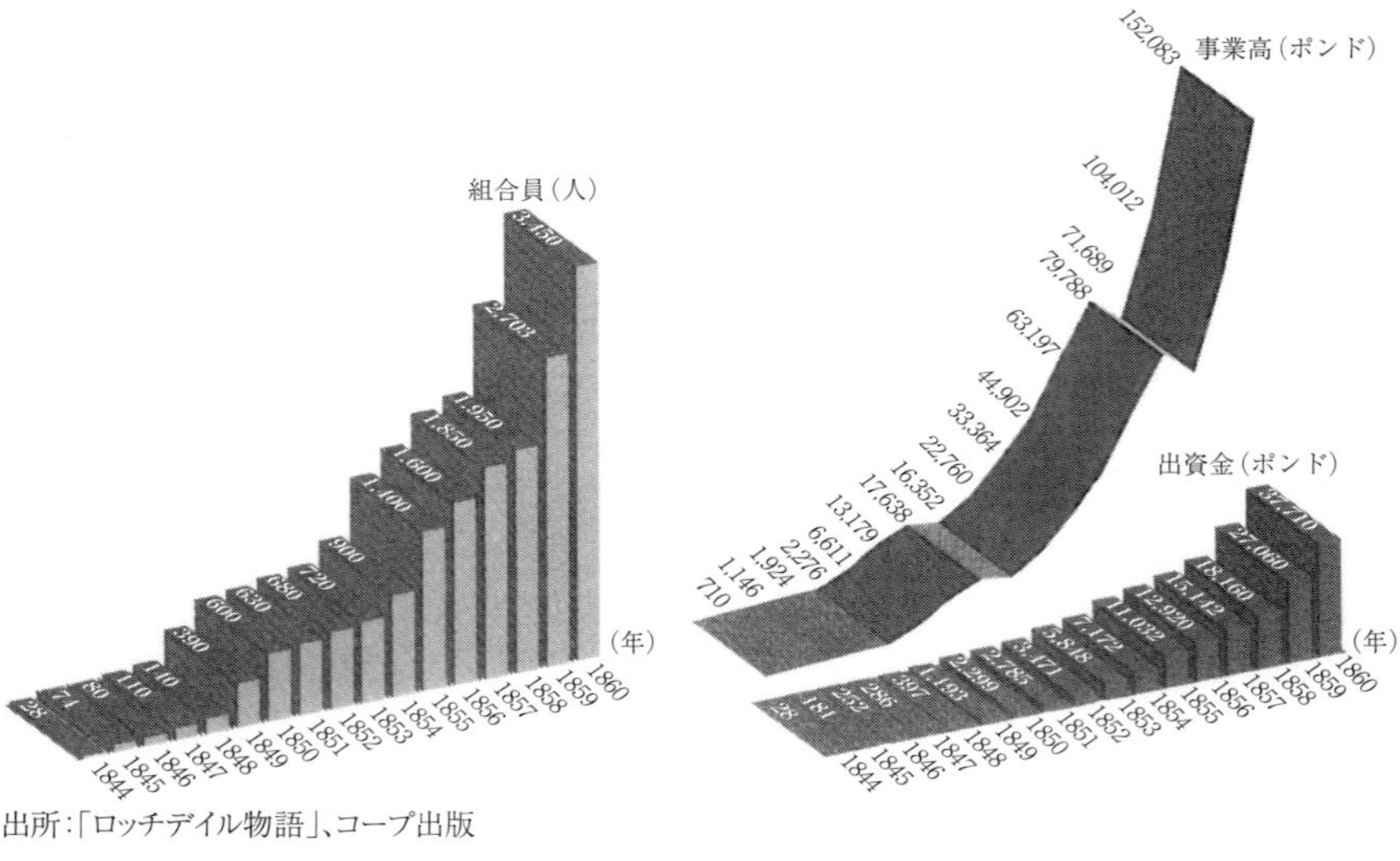

出所：「ロッチデイル物語」、コープ出版

ロッチデール公正先駆者組合が、今、私たちが関わっている農業協同組合（農協）の最初の姿である。

協同組合が成功し、拡大するに合わせて、その運営理念を分析して論評する研究者が現れた。最も著名なのは、元オックスフォード大学教授のＧ・Ｄ・Ｈ・コールである。コールは、この理念を8項目に分類整理した。コールのロッチデール原則（**表4**）といわれており、今日広く普及している。農協の組合員、役員、職員が一度は学習する原則である。

もう一人、有名な研究者にＧ・Ｊ・ホリヨークがいる。彼は、ロッチデール公正先駆者組合がつくられた時代に、同じ地域に住んで活動していたジャーナリストである。彼はこの組合の理念に共鳴する良き理解者でもあった。日刊紙「デイリー・ニュース」に活動の記事が連載され、それが協同組合の普及をさらに早めたといえよう。

この記事は、その後「ロッチデールの先駆者たち」と題して出版され、今日、わが国においても協同組合研究に関する貴重な文献となっている。

ホリヨークは、原則を14項目に分類した。「ホリヨーク記帳の原則」と呼ばれる。

私は、ホリヨーク記帳の原則により講義することが多い。どちらの原則もロッチデール公正先駆者組合の運営理念を表すが、ホリヨーク記帳の原則の方が今日の農協の実態（特に北海道の農

表4　コールのロッチデール原則

①組合は１人１票の投票権による民主的運営とする
②誰でも組合に自由に加入できる
③出資に対する利子は固定され、制限される
④剰余金は購買額に比例して分配する
⑤売買は厳格に現金に基づき、信用取引はしない
⑥純粋で混ざり物のない商品だけしか売らない
⑦組合員を教育するためにも積み立てをする
⑧政治および宗教に対しては中立を守る
※G.D.H.コール著「協同組合運動の１世紀」より意訳

出所：「私たちとＪＡ」、ＪＡ全中

協）により合致していると思うからだ。目指す原点が分かりやすい。
以下、ホリヨーク記帳の14項目のロッチデール原則について解説する。

純粋良質な食料品を扱い、職人や労働者の生活を守る

他者の力に頼らず自ら運営資金を賄う

表5は、ホリヨーク記帳の14項目のロッチデール原則である。

①は「組合は主として自らの出資金により開店する」。

この組合は、28ポンドの資金を原資として開店した。28ポンドは1人1ポンドの出資によるものであることは先に述べた。これを出資金と呼び、出資した者を組合員という。

組合運営のために必要な資金は、組合員自らが用意する。組合に関係しない者からの支援や助成は受けない。自主自立である。これ

表5　ロッチデールの協同組合原則（ホリヨーク記帳）

①組合は主として、自らの出資金により開店する
②可能な限り、純粋な食料品を供給する
③目方や分量をごまかさない
④市価で販売し、商人と競争しない
⑤掛け売りをせず、労働者の負債を防止する
⑥剰余は購買高に応じて、組合員に分配する
⑦組合員をして利益を組合の銀行に貯蓄せしめ、節倹を教える
⑧出資金に対する利子を５％に抑える
⑨職場において得た利益は、賃金に比例して分配する
⑩全剰余の２.５％を教育に充てる
⑪役員の任命や議決に対し、１人１票の民主的表決権を持つ
⑫犯罪や競争のない産業社会を建設するため、協同組合の商工業を発展させる
⑬卸売購買組合を創設し、純良確実な食料品を供給する
⑭協同運動を自助の精神で行い、勤勉な者に道徳と能力を保証する新しい社会の胚種の組織とする

出所:「新版　協同組合辞典」(家の光協会、1986年)、伊藤勇夫氏作成資料

が一つ目のロッチデール原則である。

組合をつくった28人は、皆、貧しい職人や労働者（貧困層）で、運営資金の準備は容易なことではなかった。1ポンドの出資金をすぐには用意ができず、分割で支払った者もいたほどだ。しかし、他の者から支援や助成を受ければ、組合運営において他の者の意見や提案も受け入れなければならない。利潤の分配を最優先する資本家や投資家は、まず組合の利益の分け前を要求するだろう。

組合が選択した道は、他の者の力は頼らず自らの出資金で運営資金を賄う、この原則であった。今日、農協はどうであろうか。

先ほど農協がライスセンターを取得するには、稲作農業者（組合員）が必要な資金について各自で均等負担しなければならないと述べたが、その考え方はこの原則に基づく。

道内の農協は、農業者数に比べて相当に多額な固定資産や大規模生産施設を所有し、事業を行っているが、これは農業者の出資金を財源にしている。農協創立から今日まで、農業者は施設の取得や増改築、更新に合わせて、出資金を積み増してきた。原則に基づく使命を果たしてきたわけだ。将来に向けて農協が事業活動を続ける限り、農業者にはさらなる出資金の積み増しが求められる。

実は、道内の多くの農協は、出資金の他に、行政からの農業関係補助金、助成金（利子補給など）や信用部門からの借入金（内部資金運用）を、施設取得や運用資金に充てている。

国のあるべき姿の第一は、国民を飢えさせないことであり、どこの国も食料の安定生産や自給率の確保は政策の柱となっている。わが国も同様で、食料生産と農業振興に補助金や助成金が歳出され、農協も行政と連携して、それらを有効活用しているのが一般的である。

しかし、今日の環太平洋連携協定（ＴＰＰ）への参加や農協解体の論議は、国の食料安定確保とそれに関わる農業の振興という国のあるべき姿を根底から覆しかねない。まさに由々しき事態だが、これについては項を改める。

一方、農協は、総合事業を営み、その中でも信用事業は農業者の営農と生活のために重要な役割を果たしている。余裕金を安全に預かり、効率的に運用する。そして資金が不備なら有効的に貸し出す。

さらに信用事業から、施設取得や運用資金が必要な他の事業に貸し出す（内部資金運用）ことがある。

そうしたことから、「補助金、助成金があり、内部資金を運用できるのなら、さらなる出資金は必要ないのではないか」という農業者の要求が出てくる。しかし、それは原則に反する。

農協運営のために必要な資金は、農業者自らが用意する。補助金や助成金、内部資金運用があるにしても、先に出資金の増資があってのそれである。

農業者が理解すべきは、自主自立という協同組合の原則である。

貧民層苦しめた手段選ばない利潤の追求

次に「②可能な限り、純粋な食料品を供給する」と「③目方や分量をごまかさない」の二つの原則を合わせて説明する。

誰でもが分かる当たり前の話である。

産業革命後のイギリスでは、街で売られている食料品で、純良、良質な物を探すのに苦労した。小麦粉と表示されていても中身は小麦粉の他に粗雑な穀物が多く混ぜ込まれており、かまどで焼いてもパンにならない。1キログラム入りの砂糖袋は800グラムしか入っていない。経営者や資本家は多くの利潤を上げるために手段を選ばなかったからだ。

これらの食料品は、職人や労働者ら貧民層の生活や暮らしを一層苦しくした。

ロッチデールの生活店舗は、純良、良質で、目方や分量の正しい食料品を厳選して取り扱い、これを原則とした。

農協の原点からは懸け離れた違反食品

残念なことに今日でもまだ、その問題点は解決されていない。

食品事故や食中毒は世界中で頻繁に起きている。

わが国においても過去、森永ヒ素ミルク事件、カネミ油症事件、雪印集団食中毒事件、牛肉偽装事件など企業ぐるみの事故が起こり、残留農薬や偽装表示などの違反食品が後を絶たない。

不正を犯した企業は、利潤を上げるために法を破り、利用者の生活や健康をも壊してしまった。

国の食料生産の担い手であり、けん引者である農業者と農協は、いかなる事情があってもそこに手を染めてはならない。ロッチデールから脈々と続く原則であり、農協の原点である。

協同組合原則が示すコンプライアンス

話は少し外れるが、今日、われわれの周りでは、ガバナンス（正式にはコーポレート・ガバナンス＝企業統治）やコンプライアンス（法令順守）という横文字をよく目や耳にする。

企業に不祥事や不正事件があり、これが公になったとき、経営のトップや責任者が記者会見を開いてテレビカメラやマイクに向かって深々と頭を下げ、「申し訳ありませんでした。今後は従来からのガバナンスの仕組みを見直し、コンプライアンス体制を強化して、二度とこのような間違いを起こさぬようにいたします」と言うのが定番となっている。

残念なことだが、農業者や農協でも時たまそういう事故がある。従って農協においては、「コンプライアンス点検表（マニュアル）」なるものを作成して、事故防止に取り組んでいる。

ロッチデール原則は、コンプライアンスと理念を共有するものだ。特に「②可能な限り、純粋な食料品を供給する」「③目方や分量をごまかさない」の原則は、コンプライアンスに他ならない。

農業者や農協が原則を深く理解し、原則に基づく運営がなされているなら、農協組合長がテレビカメラの前で頭を下げ、「申し訳ありませんでした」などと言う事態にはならないはずだ。

持ち合わせに応じてろうそく半分を売る

次に「⑤掛け売りをせず、労働者の負債を防止する」の原則を説明したい（④は後で）。

当時の職人や労働者は、常に貧しい生活を強いられ、手元にまとまった現金を所持することはほとんどなかった。従って食料品や日用品の購入は、掛け買い（後払い）することが恒常化していた。

しかし、購入した代金の支払時には相当の金利を合わせて支払わなければならない。支払時が遅くなるほどその利率は高くなった。中にはその代金の支払いができず、家庭や暮らしを崩壊させてしまった者も少なくなかった。

ロッチデール組合は、掛け売りをせず、現金取引を原則とした。

掛け売り（職人や労働者からすると掛け買い）は、職人や労働者の負債（借金）を増やし、生活を一層苦しくすることになるからだ。

もう40年以上も前になるが、私は学生時代、恩師の藤沢宏光氏（故人、農村社会学者、協同組合など研究）に協同組合論を学んだ。その講義の中で感銘を受けて今でも覚えていることがある。

「ロッチデールの店舗に、労働者である組合員がろうそくを買いに来た」

ろうそくは、電気のなかったこの時代において夜の明かりを得るための必需品だった。しかし、ろうそくもまた市中で売られている物は、粗悪なろうや不純物が混ぜ込まれており、すすが多く、十分な明かりが取れない物ばかりだった。

「当時、ローソクは1本１００円であった（と仮定する）」

藤沢氏は確か、当時の通貨（シリングとかペンスとか）で話をしたが、何分にも時がたち過ぎて思い出せない。従って分かりやすいように１００円とする。

「ろうそくを買いに来た組合員は、現金の持ち合わせが50円しかなかった。ろうそくは昨夜、使い切っていた。なければ今夜の明かりを得ることができない。さて、諸君がロッチデール組合ならどうするか」

学生に問うた。

ロッチデール組合の対応は、こうであった。

「組合員には、1本１００円のろうそくをナイフで半分に切り、それを50円の現金で売った。

取りあえず半分のろうそくがあれば、今夜一晩の明かりは得ることができるだろう。残りの半分は、商品としては売り物にならないので、店舗で保管しておき、その組合員が50円の現金を持参した時、売り渡した」

藤沢氏は、「これが、ロッチデールの現金取引の原則である」と。

今日、われわれは現金の持ち合わせがなくても、欲しい品を手に入れたり、食べたい物を食べたり、行きたい所へ出掛けたりできる。どれも実際は金のかかることだが、現金がなくてもよいという便利な生活である。

便利な生活はただではない。分割払いローンやクレジットカードの裏側は、掛け売りの時代と同じで、それが原因で貧しい生活から抜け出せない人々は多い。

現金を持ち歩かない時代になっても、ロッチデールの現金取引の原則の理念は変わらないはずだ。

商人と安売り競争をせず購入額に応じて利益を分配する

品質や安全守られ偽りない市価が原則

④は「市価で販売し、商人と競争しない」。

ロッチデールの生活店舗では、食料品や日用品を販売する際、価格は市価とした。市価とは、その時の定価もしくは適正価格を指す。いわゆる安売り（安価販売）はしなかった。そしてそのことを原則としたのである。

これまで述べてきた通り、産業革命により起こった資本主義経済では、企業（株式会社）は常に企業間で、または同業者間で競争し、勝ち残った者がより多くの利潤を得ることができた。負けた企業（株式会社）は投資家や株主から見放され、解散や倒産という憂き目に遭うことになった。

勝つ者と負ける者を分ける大きな要因が販売価格だった。購入者（消費者）は、1円でも安い商品を欲する。当然、企業は安価販売で競争する。

市価100円の商品をA会社が95円で販売すると、B会社は90円で売る。A会社が85円に値下げすると、B会社は80円に。その繰り返しとなり、勝ち残った方が、より多くの購入者を獲得する。

そのため、商品の品質や安全、時には目方さえ順守されなかった。ロッチデール組合は品質や安全、目方を守る原則に続き、市価で販売することを原則とした。原則の後段では、商人と競争しないことを明記した。

ロッチデールの人々は、安価販売で企業と競争すれば、最後には組合の方が負けることを知っていた。組合はそのために、品質や安全、目方を犠牲にすることなどできないからだ。

安価販売容認すれば農協は商系に負ける

農協は、肥料、農薬、燃料などの生産資材で日々、商社や商系業者の安価販売に直面している。農協が市価を守ろうとすればするほど（この場合、農協の価格が内外に明示されることになる）、商社や商系業者はその価格を基に、それより安い価格で農業者に資材を売り込んでくる。

水稲、畑作物、野菜、生乳など農業者が生産する農産品の買い取り価格についても同じだ。商社や商系業者は農協の価格を基に、それより高い買い取り価格で農業者から買い取るのである。

農協がロッチデール原則を原点として、運営されるとするならば、市価で販売し（農業者からの農産品の受託販売や買い受け、農業者への生産資材の売り渡し）、商人（商社や商系業者）と安価販売競争をしないということになる。

「それは理解するが、現実はそうはいかない」との声を農協の役員や幹部職員から多く聞く。しかし、それを容認すれば、農協は負ける者への道に踏み込むことになる。やがては商人との競争に負けるということだ。

協同組合原則は、守れるものだけを守るということではない。全ての原則を守るところに原点の意義がある。

利益を上げられる組合運営が可能に

話をロッチデール組合に戻す。組合は市価で販売した結果、一定の利益を上げることができたのである。一定の利益を上げる運営を目指したと言い換えてもよいかもしれない。

商人は市価100円の商品を95円で販売しても90円で販売しても利潤が得られたはずだ。もちろんその利潤は安価販売になるほど少額となり、やがては欠損となるが…。

組合は、市価の100円で販売する。その結果、利益が上がるということは容易に理解してもらえよう。組合は利益を上げることも重要となるのである。この原則は「市価で販売し、商人と競争しなければ、組合は利益を上げることができる」と置き換えることができる。

ロッチデール組合のこの原則は、G・J・ホリヨークの「ロッチデールの先駆者たち」63ジペーに次のように記載されている。

「商人たちが組合よりも値段を下げ、それを町の人々に誇示し、組合の利用者を自分の店で買うように誘ったり、組合で買い物すれば高くつくと組合員をあざけたりすることがしばしば起こったが、そのような場合でも、どんなことがあろうと一度たりとも値段を下げようとしなかった。~（中略）~組合員の賢明な標語は、『安全であるためには、利益を得て売らなければならない』『誠実であるためには、利益を得て売らなければならない』『もし砂糖を利益なしに売るならば、その損を埋め合わせるために、他の商品をひそかに高く売らなければならない』『われわれは、全てを明るみに出して行動する。他がどうであろうと利益なしで売ることはせず、他より安く売ることもしない。われわれは、誠実に売ることを言明する』。そして、この政策は勝利を収めた」

利用高配当で組合員に応える

ならば、その利益はどう取り扱うのか。原則に「⑥剰余は購買高に応じて、組合員に分配する」とある。

剰余とは組合の利益である。利益の基は、商品を市価で販売したことによる。組合員は、生活に必要な商品を必要な量だけ購入する。購入額が大きければ、それだけ大きく組合の利益の基になる。小さくても、それなりに組合の利益の基になる。利益の基は、組合員に分配するというのが、この原則だ。分配する額は、購入した額に応じる。

組合がその利益の基から5％を組合員に分配するとしよう。1年間の購入額が10万円の組合員がいたとすると、その分配額は５０００円である。20万円なら1万円、１００万円なら5万円の分配となる。これを利用高配当（もしくは特別配当）と呼ぶ。

組合員は、組合に利用高の分配を期待し、組合は利益を上げることで、その期待に応えるというわけだ。

出資配当上限で利子目当ての投資家排除

もう一つ、分配の方法がある。

「⑧出資金に対する利子を5％に抑える」という原則である。

組合運営のために必要な資金は、組合員自身で用意した。これを出資金といい、その額は相当、高額となった。当然、組合員にとっては大きな負担となる。その出資金に対して、いくばくかの利子を支払おうというものだ。

利子の利率は、上限を5％に決め、これを超えないことにした。出資金の利子利率を無制限にすると、株式会社の株主配当と相違がなくなるからだ。株主はより多くの配当を求めた。組合が高い利率で利子を支払うならば、専ら利子を目当てにした投資家の出資が懸念されたのである。組合がそこで5％に抑える（当時の預金金利と同程度）こととし、組合員に分配したのである。これを出資配当という。

職員のたゆまぬ努力があってこそ

組合の生活店舗で扱う純質、純良で量目も確かな食料品や日用品の取扱高が、年々飛躍的に拡大したことは、これまで述べてきた通りである。

しかしその陰には、それらの品々を仕入れ、輸送、保管するための並々ならぬ苦労があった。何せ街で売られているのは粗悪品、量目不足や不純品ばかりだ。

例えば生活店舗で扱う小麦粉を仕入れるためには、イギリス国内を隅々まで探し歩かなければならなかった。まだ交通の便が良くなかった時代、それは大きな困難が伴う仕事だった。せっかく仕入れた小麦を製粉所に持ち込んでも十分な監視をしなければ、製造された小麦粉に粗雑穀やまがい物が混ぜ込まれるというありさまだった。

そうした業務は、組合に雇用された職員が担った。

組合が得た利益には、業務に対する職員のたゆまぬ努力も含まれていた。その利益は職員にも分配しようというのが「⑨職場において得た利益は、賃金に比例して分配する」という原則だ。

社外に流出する営利と違い協同組合の利益は社内にとどまる

原則の理解に必要な知識と学習意欲

「⑩全剰余の2・5％を教育に充てる」の原則について説明する。

ロッチデール組合が成功したのは、その運営が協同組合原則に基づき、これを順守したからである。ただ、その原則はやや難解で、組合員になろうとする者がこれを理解するには、それなりの知識と学習しようとする意欲が必要だった。理解させる側もまた的確で明瞭な解説ができなければならない。そのための教材や時間も要る。当然、予算（経費）も必要だった。

⑩の原則は、上げた利益（剰余）からそのための予算を優先して確保するというものだ。言い換えるなら、協同組合についての学習して理解する活動が重要で、そのための予算はいつでも使えるように常に準備しておくというのが、この組合員教育の原則である。

私が講師をしている北海道農協学校は原則に基づく協同組合の教育を担うため、農協組織の資金拠出によってつくられた。毎年、多くの農協役職員、組合員が学んでいる。農業者や組合員を対象とした新規就農者研修、農業経営者養成研修、ＪＡ青年部リーダー養成研修なども実施しているので、関心があれば農協に相談してみるとよい。同校には、将来の農協幹部職員となる人材を一般募集して養成する課程もあり、卒業生は広く全道で活躍している。

しかし、協同組合に歴史があるように農業者、組合員や組合員になろうとする者にも歴史があり、常に学ぶ意欲が高いとは限らない。本書が、協同組合を学ぶきっかけになればと思う。

協同組合は教育に始まり、教育に終わるといわれる。原則は、教育には金がかかるので利益から優先して引き当てるということだ。

豊かな暮らし目指し利益上げて配当する

④の「市価で販売し、商人と競争しない」原則を基に、利益を上げる運営について述べてきた。利益は利用高配当、出資配当、職員分配の他、教育に充てられる。

14原則のうち4原則は利益の配当や引き当てに関わる。④の原則に基づいて利益を上げる運営の重要性が分かってもらえるだろう。

協同組合は組合員の幸せな生活や豊かな暮らしを目指し、食品や日用品の品質、安全、量目の順守を第一としたが、組合員がより多くの所得や収入を得ることも大事な要素である。協同組合は、利益を上げて組合員や職員に配当する方法でそれに応えようとした。

非営利法人の目的は組合員への最大奉仕

農協は営利を目的として事業を行わないことから非営利法人と呼ばれる。

農業者や組合員の中に、農協が利益（剰余）を上げることは非営利に反するのではないかとの意見がある。非営利なら販売手数料をできるだけ低くし、資材価格を引き下げて利益を上げない運営をすべきである、と。また一部のマスコミや学者、評論家も、農協は非営利をうたいながらもうけに走り、農業者や組合員はその犠牲になっていると批判する。

協同組合にとって非営利とは、利益を上げないことではない。上げた利益は組合員や職員（社内）に配当する。営利とは、上げた利益（利潤）を社外（組合員以外）に流出させることだ。株式会社が利潤を高め、社外の株主に配分する場合、こう呼ばれる（**図3**）。

このことは改正前の農協法第8条でも「組合は、その行う事業によってその組合員および会員のために最大の奉仕をすることを目的とし、営利を目的としてその事業を行ってはならない」と定められていた。改正後の農協法（2016年4月1日施行）ではその条文から「営利を目的としてその事業を行ってはならない」が削除されたが、そのことで非営利が外れたわけではない。後の項で説明する。

図3　営利と非営利

■営利の概念

利潤（利益）の配分は社外（組織外）の株主に対して行われる

株主（株券）≠経営者（限定責任）≠事業利用者

≠は社外

■非営利の概念

剰余（利益）の配当は社内（組織内）の組合員に対して行われる

出資者（出資金）＝経営者（経営責任）＝事業利用者

＝は社内

貯蓄を推奨する組合員への思いやり

「⑦組合員をして利益を組合の銀行に貯蓄せしめ、節倹を教える」の原則について説明する。組合員は手元に現金があれば無駄遣いせず、できるだけ貯金（預金）するというのがこの原則であり、一読して容易に分かる。また組合員が幸せな生活や豊かな暮らしを目指す上での、貯蓄の重要性についても説明を要しないであろう。

ここでは、この原則がこれまで説明した原則と深く関わっていることについて述べたい。協同組合は組合員に、上げた利益を利用高配当や出資配当することで応えた。利益が相当額になる場合、組合員への配当もそれなりの額になる。組合員にとっては予定していない収入といえる。予定以外の収入があると何となくぜいたくをしてみたくなる。あまり必要でない商品でも買ってしまう。いつの時代も、どこの国でも人の世の常だ。配当は無駄に使わず将来の不測の支出のために蓄えておきなさい、それが盛り込まれた原則である。私は、この原則を目にする時、協同組合の組合員に対する思いやりを感じ、いつも一人ほほ笑む。

原則にある、組合の銀行について触れておく。ロッチデール組合は、食品や日用品を扱う生活店舗（生活協同組合）として出発した。扱う商品の仕入れや販売には金融機関（銀行）を利用しなければならなかった。資本主義経済では金融機関もまた営利目的で運営されていたので、不当に高い金利を取る銀行や、競争に負けて解散、倒産する銀行もあった。ロッチデール組合と組合員は安全で安心して利用できる金融機関を必要とした。協同組合の銀行の設立である。

今日の農協は金融機関の役割も担っている。信用事業と呼ばれる農協の基幹事業がそれである。ロッチデール組合から脈々と続いてきた事業である。

加入脱退の自由で1人1票の民主的運営が行われる

老若男女や貧富の差なく任命権と採決権

ロッチデール組合の運営は、１ポンドを出資して組合員となった28人が共同して当たった。業務執行も同等に行い、経営責任も均等とした。

しかし、組合の加入者（組合員）が急激に増加し、１００人、１０００人となると、組合員が全員で、しかも共同して業務執行に当たることは実務的には不可能となった。

そこで組合員の中から何人かの代表を選び、業務執行に当たらせたのである。今日の農協でいう理事、監事（役員）である。

役員は組合員の中から、組合員全員の意思表示により、公平に選ぶこととした。

さらに、組合運営の根幹に関わる重要な事項については、組合員全員が一堂に会して協議し、決定することにした。

「⑪役員の任命や議決に対し、1人1票の民主的表決権を持つ」の原則である。

役員の選び方は、組合員が1人1票の任命（選挙）権を持ち、その意思表示で行った。重要な事項については賛成、反対の採決（議決）権で意思表示した。それは組合員が業務執行と経営責任を同等に持つことへの意思表示でもあった。

1ポンド出資し、組合の店舗を利用する者であれば誰でも組合員として加入でき、この権利を持ち、行使できた。男子でも女子でも、年寄りでも若者でも、貧しくても富む者であっても、また宗教や人種の違いも受け入れた。組合の人権を尊重した民主的運営を行うための原則である。

1人1票の民主的運営の協同組合が、1株1票の利潤優先経営の株式会社と意を大きく異にするところである。

世界最初の近代国家であり、民主国家であるイギリスでも、当時はまだ国民による普通選挙は実施されておらず、女性の選挙権もなかった時代である。

今日の農協はこの民主的運営が支柱となっている。総会（もしくは総代会）は、組合員の採決権と任命権の行使により、開かれている。

読者の農協では、総会に出席しない組合員が多いとか、出席しても採決権や任命権の行使にあまり関心がなく、責任を持とうとしない組合員がいるということはないだろうか。その結果、理事、監事のなり手がないという農協もあるのは残念なことだ。

近代において国家と国民は民主主義を理想とする。民主国家であり、国民主権のわが国は、世界の先端にある理想的な国といえる。それが近年、国民の関心の低さから公職選挙の投票率が低落して、国民の要求が国政に伝わらない、民主主義の危機に直面しているといわれる。

農協の運営もこの原則を守ることが難しい時代になったということだろうか。

組合員には加入脱退の自由がある

民主的運営には、組合員の加入脱退の自由の原則が含まれている。加入の自由については、今ほど述べた通り、1ポンド出資し、組合の店舗を利用する者であれば、誰でも加入し組合員になることができる。

そして組合はその反対事由が生じたとき、組合員は自由に脱退できることを原則としたのである。すなわち何らかの理由で店舗を利用しなくなったとき、または店舗の運営や商品に不満があり、店舗の利用をやめたときなど組合員は脱退することができる。これに合わせて組合は出資金を払い戻す。配当が目的の出資は認めなかった（「⑧出資金に対する利子を５％に抑える」で説明）。

組合加入の要件は店舗の利用であり、利用がなくなれば脱退できる（してもらう）ということである。

さて、今、多くの農協が直面している、生産した農産品を出荷しない、または資材供給を利用しないで、商社や商系業者と取引する農業者の扱いはどうなるのだろう。

農業者が農協に加入する目的は、その事業を利用することにあるので、利用しないなら脱退すべきであり、そうでなければ原則に反することになる。農業者から脱退の意思表示がなければ、農協はその勧告をしなければならない。

農協の事業の中から、そのうちの幾つかを利用すれば、組合員の資格はある、そういう話をよく耳にするが、それは正しくない。

特に北海道の農協においては、農業所得と密接につながる生産販売や資材購買事業を利用しないのであれば、誰もが納得しないだろう。さらに後の項で述べたい。

純良で確実な供給を続けるために連合会を設立する

純良品確保のため組合をつくる

⑬は「卸売購買組合を創設し、純良確実な食料品を供給する」。

これまで述べてきた通り、ロッチデールの店舗で取り扱う食料品は、純良、純質で量目も確かな物であった。

価格は市価だが、売り上げは年々増大した。

そのことにより、受け入れる食料品の数量（受け入れ高）を年々増さなければならないこととなった。また、イギリス国内ではロッチデール組合ばかりでなく、ロバート・オーエンに共鳴し、同様の原則を掲げる協同組合が次々誕生していた。

組合は、食料品を供給するのと同じくらい（あるいはそれ以上に）受け入れる数量の増加に対処することが重要になってきた。

組合は食料品の受け入れ、保管、調製・加工（小麦を製粉して小麦粉にすることなど）を専ら行うための事業や施設が必要となった。さらに新たにつくられた組合からのそれらの要請も無視するわけにはいかなかった。

組合は⑬のための組合を創設し、運営することにした。今日でいう農協連合会である。ホクレン、北海道信連、全共連北海道などがこれに当たる。

競争ではなく共生の経済、社会を目指す

次は、「⑫犯罪や競争のない産業社会を建設するため、協同組合の商工業を発展させる」の原則である。

協同組合の目的や役割を再確認するとともに、資本主義経済の代表である株式会社の持つ矛盾や欠陥を協同組合が補い、実践することにより庶民（多数の貧困層）が幸せに生活し、豊かに暮らせる社会を目指そうというものである。

競争は犯罪と同じくらい、庶民の生活や暮らしを脅かすものという観点から、協同組合の商工企業をつくって発展させることで犯罪や競争のない幸せな生活や豊かな暮らしを構築しようとした。

今日、協同組合に目を向けると、世界中でいろいろな種類や形態が見られる。わが国にも、農業協同組合、漁業協同組合、森林組合、生活協同組合、信用組合などがある。ロッチデールの原則は、多くの時間をかけて少しずつではあるが、世界に広がっていった。

しかし犯罪は依然として少なくはなく、競争に至っては、それこそが幸せな生活や豊かな暮らしを生み出す根源であるかのような風潮が強くある。競争により庶民が皆、勝ち組になれるとするのは、あまりに短絡的な発想であり、経済人や学者、マスコミまでがこぞってこの政策に賛同することについては甚だ残念でならない。

農業において、競争により誰かが独り勝ちし、豊かさを独り占めしたなら、農協組織は壊れてしまう。農協が壊れてしまえば、農業と農村は崩壊する。

協同組合の活動で犯罪をなくし、「競争」ではなく、「共生」する経済や社会を建設しようという原則である。

小さな店舗が掲げた相互扶助の強い理念

最後の原則は、「⑭協同運動を自助の精神で行い、勤勉な者に道徳と能力を保証する新しい社会の胚種の組織とする」である。

協同組合は、自主自立で設立、運営し、他者からの援助や支援を当てにしない（農協に対する国の政策補助金や助成金については、後の項で説明する）。真面目に働き、豊かに暮らそうとする者の全てが、ばかを見る（損をする）ことのない社会をつくる。

先に行く者は少し遅れる者がいたら、歩みを緩めて手を差し伸べてやる。そういう相互扶助の社会をつくるということである。

ロッチデールの組合は、28人が1ポンドずつ出し合って始めた小さな生活店舗だったが、彼らは高い理念と大きな理想を持っていた。それを実現するため、この店舗がその胚種（胚は、種の中にある芽のもとになる幼細胞）になれればという強い理念を、この原則は示している。

以上、ロッチデールの協同組合原則14項目について説明した。

この14項目が、今日の農協運営における「原点」である。

原点の一つ一つと農協の経営実績や運営目標を照らし合わせてみることで、農協の成果が確認できる。成果が不十分なら、どうすれば十分な成果が得られるか討議し、実践する。それが原点に戻るということである。

原則はICAを組織するに至りJA綱領にたどり着く

イギリスで始まった産業革命を基にした資本主義経済は、フランス、ドイツ、デンマークなどのヨーロッパ諸国に拡大し、やがて当時の新興国のアメリカや大国のロシアにまで急速に広がっていった。

それらの国々では、近代国家の流れはやむことはなかったが、イギリスと同様に、利潤を最優先するが故の資本主義経済の欠陥と問題が生じていた。そしてそれに対処するため、協同組合もまたそれらの国々の実情に合わせて起こり、発展していく。

例えば、イギリスでは食料や生活用品を扱う生活協同組合だったが、フランスでは労働者や手工業者主体の生産協同組合、ドイツでは高利貸し付けに対抗するための信用協同組合、デンマークやアメリカでは農畜産物の販売協同組合として発展した。

これら各国の協同組合は1895年、ロンドンで国際的連携を図るための機関として国際協同組合同盟（ICA＝International Co-operative Alliance）を組織する。その主たる役割は各国の協同組合がロッチデールの原則を柱とした共通の協同組合原則を運営原則に定めて、実践することおよび運営状況の確認、検証を行うことであった。ICAは定期的に大会を開いて、協同組合原則の検証と部分的な改定を行った。

近年で最も大きな大会は、1995年のICA100周年記念大会である。この大会では、A・F・レイドローがまとめた「西暦2000年における協同組合」が報告された。この中で彼は、今日の協同組合は①信頼性の危機（協同組合が周囲に理解、認知されていない）②経営の危機（協同組合の経営や利益が確立されていない）③思想的な危機（協同組合の理念や目的が分からない）―という組織存亡に関わる重大な危機的状況にあると警告した。

これを受けて、大会は新たな協同組合原則を採択した。この原則は、今日の世界各国の多種多様な協同組合において共通の運営原則とするために、内容は多岐にわたり難解で注記事項がたくさん付されたものとなった。従って本書での説明は省きたい。

農協組織（ＪＡグループ）は1997年、この共通の運営原則を基に「ＪＡ綱領」を制定する。**図4**である。農協の関係資料や広報誌の表紙などで目にしたことがあるだろう。農協の総会や研修会で、声を出して朗唱した人もいよう。特に「わたしたちは」以下の5項目は、協同組合原則の列記ともいえる。

ＪＡ綱領を理解することで、協同組合原則を習得するというのが本来であるのかもしれない。170年も昔のロッチデール原則より今日

図4　ＪＡ綱領

—わたしたちＪＡのめざすもの—

わたしたちＪＡの組合員・役職員は、協同組合運動の基本的な定義・価値・原則（自主、自立、参加、民主的運営、公正、連携等）に基づき行動します。そして、地球的視野に立って環境変化を見通し、組織・事業・経営の革新をはかります。さらに、地域・全国・世界の協同組合の仲間と連携し、より民主的で公正な社会の実現に努めます。

このため、わたしたちは次のことを通じ、農業と地域社会に根ざした組織としての社会的役割を誠実に果たします。

わたしたちは

1．地域の農業を振興し、わが国の食と緑と水を守ろう。
1．環境・文化・福祉への貢献を通じて、安心して暮らせる豊かな地域社会を築こう。
1．ＪＡへの積極的な参加と連帯によって、協同の成果を実現しよう。
1．自主・自立と民主的運営の基本に立ち、ＪＡを健全に経営し信頼を高めよう。
1．協同の理念を学び実践を通じて、共に生きがいを追求しよう。

のＪＡ綱領の方が現在に近い。そういう講義をする講師やそういう書き方の教科書もある。私がそうしないのは、「…わが国の食と緑と水を守ろう」とか「環境・文化・福祉への貢献を通じて…」などでは、踏み込んだ原点の話にならないからだ。それよりは、ロッチデール原則の方が分かりやすいし、農協が取り込みやすい。

産業組合が農業の崩壊を食い止めて明治政府の危機を救う

明治維新で起こったわが国の産業革命

近代国家となったイギリスをはじめとするヨーロッパ諸国やアメリカ、ロシアは、この時代に次々と発見される海洋航路により、新たな利潤（植民地）を求めて世界中に進出した。アメリカ国使のペリーは１８５３（嘉永６）年、浦賀に黒船で来航し、開国を迫った。鎖国政策を取る徳川幕府の時代であり、歴史上でいうなら中世封建時代に属する。ペリーは翌年、再び来航し、日米和親条約が締結される。これを契機に徳川幕府が倒れ、明治政府が誕生する。明治維新である。

明治政府はヨーロッパ諸国やアメリカのように産業革命を起こして資本主義経済を導入し、一日も早くそれらの国と同じ近代国家になる政策を推進した。

政府は、文明開化の合言葉の下、諸外国から新しい制度、技術、文化などを積極的に輸入した。札幌農学校のクラーク博士のような著名な教師、医学者、技術者らを多数招聘《しょうへい》し、指導に当たらせた。また、国内の優秀な人材を外国に留学させ、修練と研究につかせて近代国家づくりを推し進めた。

さらに殖産興業をスローガンに掲げ、八幡に製鉄所を建設し、富岡製糸工場をつくった。富国強兵を国策の第一とし、強い軍隊を持とうとした。

利潤の追求を最優先し、競争により勝ち組となることを究極の目的として膨張する資本主義経済は、やがて企業、業者間の競争から国家間の競争に拡大していった。資本主義の列強各国は、後進の国や地域を占領し次々に植民地とした。列強各国間ではしばしば植民地争奪の争いが起きた。

明治政府も争い（戦争）に勝つために強い軍隊を持つ必要があった。資本主義の勝ち組になるためには、時には戦争も辞さなかった。わが国は資本主義国家として、日清、日露戦争の後、第1次、第2次世界大戦に巻き込まれていく。

最近、明治日本の産業革命遺産が、世界遺産リストに登録されて話題となった。長崎市高島町端島の石炭採掘場と住宅跡（軍艦島）、長崎造船所のカレンチバークレーン、官営八幡製鐵所跡などである。少し前には富岡製糸工場も登録された。いずれも観光コースとなり、多くの見学者でにぎわっている。

地租改正で負担増し農民はさらに苦しく

明治政府の産業革命による近代国家づくり政策は、初めは順調に進んでいるかに見えた。しかし間もなく大きな障壁に行き先を阻まれる。財政不足である。近代国家づくりには膨大な資金が必要だった。資金調達の柱は、税金である。税金が大きく不足し、財政危機に至ったのである。

それまでの徳川幕府の税金制度は年貢と呼ばれ、主として米による物納であった。国民の大多数は農民であり（「百姓たちの江戸時代」の著者、渡辺尚志氏によると全人口の83％）、武士の給料は米で支給された。

年貢（米）では殖産興業や富国強兵を推し進めることができないと判断した政府は1873（明治6）年、地租改正を行う。

地租改正後も、主たる納税者は農民であることに変わりはなかった。農民は改正でさらに負担が増えた。維新により農民の生活は、それ以前に増して苦しくなった。中には悪質な高利貸しに借金して生活ができなくなり、先祖代々の農地を手放して家族で夜逃げする者もあった。

政府は、このままでは農業や農村が崩壊し、ひいては近代国家づくりの政策が暗礁に乗り上げて日本国そのものが危うくなるとの危機感を強くしたのである。

品川弥二郎と平田東助の尽力で津々浦々に協同組合

この時期に、ドイツへ留学し、新しい法律や科学を学んでいた者の中に品川弥二郎と平田東助がいた。彼らは異国の地にありながら、財政危機に陥っている国政に深く憂慮していた。

その彼らの目に留まったのが、ライファイゼン信用組合だった。

F・W・ライファイゼンは、貧しい農村の村長であったが、農民が高利貸しへの支払いに苦しめられ、収穫した小麦や生まれたばかりの子馬を収奪されるのを目の当たりにし、彼らを窮状から解放するためにその職を辞して、相互扶助による自力再生のための農村信用組合をつくった。

「一人は万人のために、万人は一人のために」は彼が説いてやまなかった言葉である。

品川弥二郎と平田東助は、わが国の農業や農村の崩壊を食い止めて農民を守るために、そして国家の財政危機を救い、引き続き近代国家づくり政策を推し進めるために、協同組合が必要だと確信した。ライファイゼン信用組合を日本に持ち帰り、農業や農村に普及することを決意した。

当初この考え方は、なかなか国内では理解されなかったが、彼らの強い信念と努力が実って1900（明治33）年、産業組合法が成立する。これにより、農業があり農民が生活する津々浦々の地域に産業組合という協同組合が設立される。

産業組合がその後、紆余《うよ》曲折はあったものの国内の農業と農村の崩壊を食い止めたことで、日本は幾度かの国家財政危機を乗り越え、日清、日露の戦争に勝利して着々と近代国家の地位を固めていく。

このことは、時の政府に基幹産業としての農業の重要性をあらためて認識させることとなる。また、農業や農村の振興にとって協同組合の果たす役割の大きさを知らしめた。

世界大恐慌が世界大戦を誘導し農業会という国家代行機関に

このように近代国家の体系が少しずつ整い始めた1927（昭和2）年、金融恐慌が起こり、その2年後に勃発した世界大恐慌が重なり、日本経済は奈落の底に転落する。

特に農業と農村は深刻な打撃を受け貧窮を極めた。米価格は漸落が続き、輸出の柱であった養蚕も極端な不振に陥った。農家の食料は不足し自給にも事欠き、欠食児童が激増した。租税、小作料滞納者の増加と負債の累増、農家の破綻、果てには子女の身売りなど、枚挙にいとまがないほど深刻な状況をもたらした。小作争議が全国に広まった。

私の手元に詩人、寺山修司（故人）の「日本童謡集」という古本がある。この中で寺山は、私たちが子どもの頃、校庭や広場でよく遊んだ「花いちもんめ」は、この時代の人身売買の唄であった、と書いている。

「たのしそうに唄っているが、これは悲しくも残酷な人身売買の唄で、貧しい村で不作続きのあとに相次いだ娘の身売りは、『ふるさとまとめて（捨てて）、たった一匁の花代で買われていった。』ことを唄ったものだというのである。そういわれてみると『あの子がほしい』『この子がほしい』というのは傾城の人買いたちで、『あの子じゃわからん』と応じるのは、農村の親たち。『買ってうれしい花いちもんめ』と、値切られて『まけてくやしい花いちもんめ』と唄い返す。子供たちは人買いと娘を売る親たちのやりとりをあどけない声で真似ながら唄ってきたものだということがはっきりする」（「日本童謡集」22ページ、光文社）

政府は求農土木事業や農山漁村経済更生運動などの対策を講じ、産業組合は拡充5カ年計画を策定してこれに応えようとした。しかし国は経済の再興がならないまま、中国侵略戦争にのめり込んでいく。やがて第2次世界大戦を引き起こし、国民に甚大な犠牲を強いて有史以来最も不幸な結末を迎えることになる。

産業組合もまた自主自立の協同理念を失い、戦時国家の後方支援部隊として、食料増産、軍備拡充、徴兵援助など国家の代行機関となり、改組して農業会と名乗る。

日本はこの大戦に敗れ、国土は焦土と化し、農業会は解散する。それは、農業と協同組合にとって、新たな旅立ちの時であった。

ＧＨＱとの折衝の末、農協法を制定する

思わぬ形で盛り込まれたロッチデールの組合原則

１９４５（昭和20）年8月15日、日本はポツダム宣言を受諾し、第２次世界大戦は終わる。連合国軍総司令部（ＧＨＱ）が国内を占領し、日本はその統治下に入る。

その後、新憲法が公布され、日本はＧＨＱの意向を組み込みながら、近代民主国家としての道を歩み始める。

農業については、少しずつではあるが、農地の復興が始まる。ＧＨＱは農地改革を行い、地主の農地を小作者に解放する。また、それまでの農業会を解散する。しかし国民は飢えており、食料の増産は急務で、その食料を広く国民に配給することが政府の最優先施策であった。

政府はＧＨＱに対し、食料の増産と国民への速やかな配分のため、産業組合を模した協同組合の設立を求める。

しかし、ＧＨＱから容易に回答は得られなかった。ＧＨＱには別の思惑があった。飢えた国民にアメリカ産の食料を大量に売り込むことである。戦勝国のアメリカは当時、世界最大の農業生産国だった（今日も同じ）。敗戦国である日本に売り込み、もうけようとしていた。他方で、産業組合が明治維新以後、近代化する国家を支える柱となってきた（第２次世界大戦に至った）ことに対する警戒もあった。

政府の粘り強い折衝が続く。やがてGHQは日本の要請を受け入れ、農業協同組合法が1947（昭和22）年、公布、施行された。

ただし、GHQはこの時、法の条文に「ロッチデールの協同組合原則」の全項目について盛り込むことを条件とした。

ヨーロッパで発展した協同組合は、アメリカではそれほど成果を上げていなかった。競争を好む開拓精神と個人の成功を優先する風土に協同組合理念が合わなかったのだろう。従って日本に持ち込めるような協同組合はアメリカにはなかった。

当時、アメリカ国民の主体はイギリス系のアングロ・サクソン人であった。彼らが祖国の誇りとするロッチデール組合の協同組合原則を法に挿入せよと言うのである。農協法の中に原則が書き込まれたことにより、農協はこれを順守することが必須となる。

農協法の制定により、翌年から全国的に農協が設立され、農業の復興は急速に進んでいった。

パン食を推し進めたアメリカの食料戦略

しかし、アメリカは日本への食料の売り込みをやめたわけではなかった。日本人の常食を米食からパン食に移行させる方針を打ち出し、小中学校の給食にパン（コッペパン）と脱脂粉乳を無償で給与した。キッチンカーをつくり、国内の隅々まで巡回させ、米食（和食）よりパン食（洋食）が優れていると宣伝し、実習して見せた。〝米を食べるとばかになる〟というパンフレットを作成して各地で配布した。

この経過をNHKは1978（昭和53）年11月にNHK特集「食卓の陰の星条旗―米と小麦の

戦後史Ｉ」で放映し、大きな反響を呼んだ（高嶋光雪著「アメリカ小麦戦略」＝家の光協会＝に詳しい）。

日本は徐々に小麦や大豆の輸入量が増えて米の消費は減少し、今日に至っている。それはアメリカ戦略の成果であるといえなくもない。

バブル経済の崩壊で商法大改正し経済国際化に向かう

農協も、その設立が性急であったため経営不振に陥ったり、農業者の理解不足により運営が混乱したりする。さらに米の生産は増加したが、消費は逆に減少し、政府は米の減反政策を導入する。

一方、重化学工業は高度経済成長政策の下、著しく成長する。これにより農村の若者は都市の労働力として激しく流出した。

やがて、高度経済成長に陰りが見え始めると、土地を担保として拡大してきた金融機関の融資事業が行き詰まる。地価は高騰から下落に転じる。バブル経済の崩壊である。

その後も経済の低落は止まらなかった。さらに追い打ちをかけるように大和銀行、ミドリ十字、雪印乳業など大企業の不祥事が発覚した。

政府はこの対策として、商法を大改正する（２００１～２００２年＝平成13～14年、**表6**）。グローバル経済、ガバナン

表6　商法改正のポイント

1.	企業が国際化（グローバル経済）に対応できるよう対策を講じること
2.	企業が社会的責任（コーポレート・ガバナンス）を確立すること
3.	企業が高度情報化（ＩＴ改革）を促進すること
4.	企業が資金調達方法（間接金融か、直接金融か）を選択できること

参考：「わかる商法改正」浜辺陽一郎著、ダイヤモンド社

ス（企業統治）によるコンプライアンス（法令順守）体制、ＩＴ改革など横文字が多く並ぶ。経済の国際化を改正の柱としたのである。政策としては、構造改革や制度改正、規制緩和、情報開示などである。

その象徴となったのが、郵政民営化であろう。時は小泉純一郎政権。その後、民主党政権を挟むが、政策は今日の安倍晋三政権に引き継がれている。

安倍政権になり、はっきりと見えてきたのは、経済の国際化というのは、実はグローバル化の名の下にアメリカ経済を全面的に受け入れるというものであった。

最近になり次第に明らかになってきたことであるが、日米間では毎年、年次改革要望書なる外交文書が取り交わされていた。これはアメリカ政府が日本に速やかに改革するよう要望する文書である。商法改正と新会社法の制定はこれを受け入れたものであるといってよい。郵政民営化も同じである。規制緩和の名の下に推し進められた政府主導経済からの撤退、日本が得意とする長期的な信頼関係取引をやめ短期市場取引を主体とする経済への移行、完全雇用制度の取り崩しと派遣労働制度の導入などは要望書の要求に沿ったものである。

環太平洋連携協定（ＴＰＰ）交渉は、まさに渡りに船だった。日米両国は大筋合意することで、日本はアメリカ丸という船に同乗したことになる。

見直し重ねた農協法改正は原点をも壊しかねない

商法大改正に合わせて、農協法も何度か改正された。主として商法改正と整合させるための改正といってよい。経営管理委員会の設置、代表理事、常勤監事制度の導入、財務会計処理の変更・開示などだ。どれもが農協の原点を壊しかねない。例えば理事は法に規定された機関であったが、改正により機関から削除された。新たに機関に加えられたのは代表理事（組合長、専務など）である。組合員が選び、組合員の負託に応えて運営に当たるべき理事は改正法にはない。

その中で、２００４（平成16）年の改正の柱は全国農業協同組合中央会（全中）の機能強化であった。具体的には、「全中は農協の指導事業に関する基本方針を策定・公表する」「農協の決算監査機能を全中に集約する」などだ。規制緩和措置の一環として、従来は行政（農林水産省）が行っていた指導を農協組織である全中に行わせるというのがその目的だった。

そして今回の改正（２０１６年4月1日施行）である。政府は、以前に（わずか10年余り前に）全中の機能を強化したにもかかわらず、今度は農協の自由な運営を制約しており農協のためにならないからと、全中自体をなくす（農協法上廃止）というのである。安倍政権は、ＴＰＰ交渉に反対して譲らない農協組織と縁を切り（解体して）、交渉の推進を積極的に応援している経済界（株式会社）と手を組もうとしているのだ。

改正農協法の目的と内容を知る

理念や原則を強引にねじ曲げた法改正

２０１６（平成28）年４月１日に改正農協法が施行された。安倍晋三首相が誇らしげに声高で言う「60年ぶりの大改正」である。**表7**は法改正の概要。

バブルの崩壊を経て、今日の国の政策の柱は経済（企業）のグローバル化促進になった。日本企業は広く世界に目を向けて活動し、あらゆる分野からより多くの利益（利潤）を獲得することが、国を豊かにし、ひいては国民を豊かにする道であるというのだ。

また、国内においてもっと多くの利潤を獲得できる分野が農業であるとした。農業が現在、十分な利潤が獲得できていない主なる原因とし

表7　農協法改正の概要

1）	農協の事業運営原則の明確化 ※非営利定義を廃止する （農業所得の増大に最大限の努力を義務付ける）
2）	理事らの構成 ※過半数を認定農業者や販売・経営のプロとする
3）	准組合員利用規制の見直し ※５年間で実態を調査し、新たな規制を設ける
4）	中央会制度の廃止 ※全中は一般社団法人に、都道府県中央会は連合会とする （賦課金ではなく、手数料や負担金で運営する）
5）	会計監査人制度の変更 ※公認会計士監査に移行する
6）	連合会の組織変更 ※株式会社（一般社団法人、生活協同組合、社会医療法人など）へ転換する道を開く （全農の株式会社化、農林中金、全共連も誘導したい）

※農林水産省「農業協同組合法等の一部を改正する等の法律案の概要について」を著者が要約

て、農協の活動が挙げられた。農協はもっと利潤の上がる運営を目指すべきで、利潤の獲得を優先する株式会社と手を組むことや株式会社に組織替えすることで、農業からさらに多くの利潤を獲得すべきであるとしている。

大ざっぱな言い方だが、以上の政策を遂行するために、農協の根幹を成す農協法を改正したといえる。

今回の改正は、私がこれまで述べてきた協同組合の生い立ちや理念、原則を強引にねじ曲げようとするものだ。株式会社と協同組合は資本主義経済にあっては、相いれない形態である。

その利潤はどこに行くというのだろう。株式会社の株主や投資家の多く（圧倒的大多数）は農業者でないはずだ。仮に多くの利潤が得られたとしても、それが農業者の手元にどれだけ残ることになるのか。

規制改革会議の考え方を基に法改正

これまで、協同組合は営利を目的としない（非営利）という考え方について、原則を踏まえて説明してきた。

今回の改正で農協法第8条の後段「営利を目的としてその事業を行ってはならない」が削除された。改正後の法第7条で、それに代わり②③項が加えられた（次ページ**表8**）。

この条文改正により、非営利法人である農協が今後どうなるのかについて、私見も含めて述べたい。

まず、「営利を目的としてその事業を行ってはならない」は削除されたが、「営利を目的としてその事業を行うこと」と書き換えられたわけではない。

次に「営利を目的としてその事業を行ってはならない」に代わるものが法第7条の②③項であると解してよい。

「農業所得の増大に配慮すること」、そのためには「農畜産物の販売で、(農協が)高い収益を上げて、経営の健全性を確保しつつ、投資や(組合員への)事業利用分量配当の拡大に努めよ」ということのようだ。

規制改革会議(この会議は安倍政権の政治・政策を推進する機関)の意見に対する答申の中に「単協が、自立した経済主体として、経済界とも適切に連携しつつ、積極的な経済活動を行い、利益を上げ、組合員への還元と将来への投資に充てていくべきことを明確にするための法律上の措置を講じる」とある。

また、新聞記事や農水省に出入りしている農協関係者の話によると、「農協の多くは、非営利について利益を上げてはいけないと誤解している。農協は利益を上げて、それを組合員に配当すべきであり、株式会社が利潤を株主に配当することと同じであ

表8 農協法の改正(関係部分)

【改正後】

第7条 組合は、その行う事業によってその組合員および会員のために最大の奉仕をすることを目的とする

② 組合は、その事業を行うに当たっては、農業所得の増大に最大限の配慮をしなければならない

③ 組合は、農畜産物の販売その他の事業において、事業の的確な遂行により高い収益性を実現し、事業から生じた収益をもって、経営の健全性を確保しつつ事業の成長発展を図るための投資または事業利用分量配当に充てるように努めなければならない

【改正前】

第8条 組合は、その行う事業によってその組合員および会員のために最大の奉仕をすることを目的とし、営利を目的としてその事業を行ってはならない

る。この際、法律を改正して、その旨を明確にしたい」との発言が農水省内に多くある。それらの考え方が基になり、この条文改正になったということであろう。

従って、この改正によって今後、非営利法人である農協の目的や役割が大きく変わるわけではない。これからも私がこれまで述べてきた通り、原則に基づく非営利の考え方での農協運営がなされることになる。

では、なぜ条文の改正なのか。農協の将来に大きな不安を抱えることになる改正の意図を予測してみる。

企業と同じ舞台で農協を競わせるため

その一は、政府は（規制改革会議や農水省の意見を踏まえて）農協を株式会社と同じ舞台に乗せて、共に利益を上げるという目的で競わせようとしている。

農協は概して利益の上げ方が下手なので、実績のある株式会社が手伝えば、まだまだ利益を上げることができるはずだ。利益を上げるために株式会社は農協と手を組んでもいい。ただし、上がる利益は山分けにする。農協と組合員の関係は、株式会社と株主の関係に近いものにしよう。すなわちこれからは、農協は利益を上げることに専念し、組合員は所得増大のために配当を受け取ることを目的とする。そのために協同組合を株式会社にもっと近づける。さらに進めて将来、協同組合を株式会社化する。

このように考えたのだろうが、これまで述べてきた通り、協同組合はその生い立ちも理念や原則も株式会社とはあまりに違い過ぎるのである。

整合しない条文削り「会員のため」正当化

その二は、農協連合会を先行して株式会社にしてしまおうということだ。

これは今回改正の目玉の一つであり、全国農業協同組合中央会（ＪＡ全中）の一般社団法人化（都道府県中央会は連合会に）し、全国農業協同組合連合会（ＪＡ全農）の株式会社への変換を促す。

もう一度、**表8**を見てほしい。改正前の法8条の「…組合員および会員のために…」の組合員は農協と組合員の関係を指しているが、会員は農協連合会と農協の関係をいう（農協連合会も農協の一種であり、この法の適用を受ける）。

法8条の「営利を目的としてその事業を行ってはならない」を残すと、他の条文で農協連合会（ＪＡ全農など）の株式会社変換を促すことをうたっても、この条文と整合しなくなってしまう。従って「会員のために」を正当化するためには「営利を目的としてその事業を行ってはならない」を削除する必要があった（株式会社は営利法人であるため）。

私は、農協について「農業者は、一人でできることは一人で行い、一人ではできないことや、できても成果の上がらないことを、取りまとめて行い、成果を上げる目的で、農協をつくった」と述べた。

農協連合会についても同じことがいえる。「農協は、単独でできることは単独で行い、単独ではできないことや、できても成果の上がらないことを、取りまとめて行い、成果を上げる目的で、農協連合会をつくった」のである。

グローバル企業による農協連合会買収工作

農協法改正では、ＪＡ全中の一般社団法人への移行に併せて、ＪＡ全農、県経済連（北海道ではホクレン）を株式会社に組織変更できる規定が盛り込まれた。また農林中央金庫（農林中金）、全国共済農業協同組合連合会（全共連）の株式会社化については、「金融庁と中長期的に検討する」との与党内合意もある。

この法改正により農協連合会を株式会社に組織変更したいという政府の思惑が明確となった。農協連合会の株式会社への組織変更は、株式会社を肯定し、協同組合を否定することにつながる。農協組織の存亡に関わりかねない。

アメリカのグローバル企業の多くは、企業買収（Ｍ＆Ａ＝merger and acquisition）により大規模化してきた。当初は国内企業の買収が中心であったが、今日では世界中の企業がその標的になっている。近年、中国系企業（国策会社であるＣＯＦＣＯなど）も多く参入してきた。

元来、産業とか事業というものは、買収の対象ではなかった。産業革命以前はそれを個人が担っていた。農夫、大工、羊飼い、糸紡ぎ工、機織り工などである。リンカーン（アメリカ第16代大統領）が奴隷解放を宣言して以降、個人を売買はできない。彼らが死ぬと別の個人がそれを担った。産業革命直後も企業経営者や投資家、株主は工場や鉄道を自力でつくった。

やがて株式会社は、相手の会社の株を買い占めることで、相手企業を買収できることに気付く。すでに存在する企業を買収する方が、自力でつくるより、手間がかからないし、資金も少なくて済む。財力のある企業は欲しい企業をこの方法で手に入れることが今は一般的になっている。

他方、協同組合はどうであろう。株主の株（1株1票）ではなく、組合員の出資金（1人1票）で成り立つ協同組合は、企業買収できない。

アメリカで日本に小麦や大豆、飼料穀物を多く輸出しているのは、カーギル、ADM、モンサントなどのグローバル企業（穀物メジャー）であり、競合関係にあるのが全農とその子会社である全農グレインである。特に遺伝子組み換え作物（GM）を得意とするモンサントにとっては、GMを取り扱わない全農や全農グレインは目障りこの上ない。また、輸出入量や額についても全農は日本で最大の企業である。この企業を買収し、事業を傘下に収めたい（GMやその種子も輸出することができる）。このことが先に述べた年次改革要望書に反映されてきたといっていいし、TPPも同じだ。

それが、規制改革会議の農業改革とも重なって農協法改正という形になった。株式会社になっても株式の譲渡規制があるだろうから大丈夫と見る向きもあるようだが、早晩、規制はなくなるだろう。

全農が株式会社になればアメリカの穀物メジャーは巨額の資金を用意して明日にでも株を買い占め、買収に動くだろう（全農グレインは株式会社であるが、全農が経営権を持つ子会社であるため全農と同一歩調を取ることになる）。

次に農林中金と全共連についてだが、農水省が示した農協法改正の骨子案には当初「政府は農業協同組合等の改革の実施状況およびこの法律による改正後の規定の実施状況を勘案し、農林中央金庫等の組織形態の在り方について検討を加え、必要があると認めるときは、その結果に基づいて農林中央金庫等がその組織を変更して株式会社になるための法制上の措置その他必要な措置を講ずるものとする」との記載があった。しかし、自民党農林議員らから反対の声があり、最終的には改正骨子から外れたが、その考えはそのまま生きているといっていい。農林中央金庫等の等には全共連が含まれている。

理事構成の変更で協同理念を弱める

話を農協に戻そう。理事のうち過半数は、認定農業者や販売・経営のプロにするという。認定農業者はその地域の営農や農業振興の模範となっている農業者であり、あえて指定しなくても多くは誰もが認める理事適任者である。現に役員（理事、監事）として任務する者も多い。

改正の目玉になるのは、地域で活動している販売・経営のプロとされる農業者である。日頃、農産品は農協に出荷せず、生産資材も購入しない。個人で販売したり、商社や商系業者と直接取引をして、大きな収入を得ている。農協運営の不満を常々口にし、相互扶助を好まず、いつも勝ち組を目指している。

そういう者が農協の理事になり、農業者の収入を増やそう、というのである。さらに言うなら、農協法は機関（法人の人格）としての理事がなく（商法改正に合わせて改正した）、代表理事が機関となっているので、販売・経営のプロにはぜひ代表理事（組合長や専務）になってもらおう、ということである。その先にあるのは、協同組合の株式会社化だ。

組織変更は組合員の総意で拒否できる

農協は原則を順守する民主的運営の組織である。組織変更は、農業者の意思により決まる。法改正があっても、賢明な農業者が農協と農協連合会の役割をよく理解し、総会（あるいは総代会）を開いて適正な判断により役員を選んだり、提案を拒否すれば、株式会社への組織変更ができないのはもちろんである。

農業者は政府や株式会社の甘い誘惑に負けることなく、断固たる姿勢で原則を順守し、常に協同組合と共に歩むと確信している。

経済的豊かさと社会的豊かさをつくる

農業者がより多くの収入や所得を得るために

これまでロッチデール組合の原則やわが国の協同組合の起こりと歩みを中心に農協論を述べてきた。本項からは今、身近にある農協のあるべき姿について述べてみたい。

農協が活動する目的は大別すると二つある。一つは、農業者（組合員）の経済的豊かさを目指すこと。

農業者は、農業生産を生活の糧としている。農産品を売ってお金に換え、収入（所得）として受け取る。それにより、食料、衣服や生活用品などを購入する。残余があれば、将来に備えて貯蓄する。

農業者にとって、生産した農産品をより高く売ることができれば、収入として受け取るお金はそれだけ多くなる。

農業者は、常に良質で安全・安心な、そして食味の良い農産品をより多く生産することに努力しなければならない。

農協は、その農産品を小売業者やスーパーマーケットを通じて消費者に売り渡して、または加工して売り渡して（あるいは加工業者に販売して）得る農業者に手渡すべき対価としての金銭を少しでも多くするために工夫し、信頼されるよう努めなければならない。

このようにしてより多くの収入を得ることを、経済的豊かさを目指すという。農協の農業者のための、一つ目の目的である。

永遠の大地で幸せに暮らせる理想郷築く

農業者は、経済的に豊かになれれば、それでよいのだろうか。

農業者は、幸せな暮らしや人生の夢を追い求めつつ、日々営農し、この地で生活している。この地が永遠の大地であるはずだ。

この地（地域社会）を守り、住む人が皆、明るく、楽しく暮らせる農村社会を築かなければならない。農業者と共に理想郷をつくることが農協の二つ目の目的である。

読者は、この地で農業者となって何年になるのだろうか。入植は何年前だろう。父母の代だろうか。それとも祖父母であろうか。もっと前という人も多い。先人は、この地の雑木を倒し、抜根し、ささやぶを切り開き、くわを入れて耕し、泥と汗にまみれながら大地を開墾した。

食に飢え、寒さに凍えながら懸命に生きてきた先人は、いつも将来に幸せな暮らしを夢見てきた。そして少しずつではあるが、この地は理想郷に近づいていきた。

そこにはいつも産業組合や農協があったはずだ。

読者の多くは、この地で父母の後を継ぎ、結婚し（嫁ぎ）、子どもをもうけ、育てる。子どもの幾人かは、また後を継ぐ。

どうかもう一度、この地の開拓の歴史を振り返ってほしい。もう一度、わが家の生い立ちと歩みを調べてほしい。まぶしい緑と肥えた土の大地は、先人の汗と涙でできたのだ。

私が尊敬してやまない元士幌町農協組合長の安村志朗さん（故人）は、いつも「農協の役割は、この地をユートピア（理想郷）とすることである」と語り、それを実現するため人生の全てを農協運動にささげた。士幌町農協は今、この地を「ユートピアしほろ」と呼んでいる。

これが社会的豊かさを目指すという二つ目の目的である。

力を合わせてこの国をつくり守る

何度も言うが、私たちには、安全・安心な食料を生産して、国民に提供するという責任がある。併せて国土を保全する義務がある。

この国は瑞穂《みずほ》の国と呼ばれ、有史以来、稲作を中心に栄えた農業立国である。永遠の大地の豊かな恵みにより、国は一度も滅ぶことがなかった。農業者はいつでも穀物をたわわに実らせ、国の食を担った。

この国は島国で、おおむね中央に険しい山脈や高い山地があり、傾斜が少し緩やかになる地帯を森林が覆っている。さらに緩やかになると畑や田が広がり、やがて浜や海岸に至る。そしてその所々に都市が栄える。世界でもまれな豊かな国土を持っている。

しかし、森林を守ることができなければ、台風や災害で、土砂崩れや洪水が起き、田畑を壊してしまう。田畑が荒れてしまえば、河口や浜は上から流れてくる土石や砂利で埋もれてしまう。都市は寂れてしまい、国土はひんすることになる。

豊かな国土は、誰がつくり守るのだろうか。森林は林業者、田畑は農業者、浜は漁業者であるが、一人一人の力には限界がある。そこに協同組合がつくられた。森林組合と農業協同組合（農協）と漁業協同組合（漁協）である。

平田東助と品川弥二郎はこの国の国土保全と国土をじかに支える農林水産業（第１次産業）を守り、育む手だてとして協同組合をつくったともいえる。

ＪＡ綱領でうたう「地域の農業を振興し、わが国の食と緑と水を守ろう」はそのことをいっている。

今日まで政府は国土保全と農林水産業の振興を国の重点政策とし、その役割をそれぞれの協同組合に負託してきた。農林水産業の振興や基盤整備に対する補助金や助成の施策も多い。そのことがマスコミ、評論家や一部世論で、農業予算の無駄遣い、農業甘やかしなどといわれるのは残念である。

農業者の中にも、農協の生産施設を補助事業で取得できれば、出資金を増額しなくてよいという声がある。出資がない施設の取得はロッチデール原則の「①組合は主として自らの出資金により開店する」に反する。たとえ出資が補助金額を下回るとしても自らの出資が先である。結果として、農業者の施設利用が少ないため、稼働率が低く収支が悪いという農協もある。

私たちには、この国の農林水産業に関わる者として、食料を生産する他、この国をつくり守るという使命がある。

残念ながらここにきて、政治や経済は少しぶれていると思う。これからはその役割を株式会社に負託しようというのだ。グローバル経済を突き進む株式会社が安全・安心な食料を生産し、この国をつくり守れるというのだろうか。

北海道農業と農協には都府県と異なる特性がある

国内において、北海道の農業（農業者と農協）は、都府県の農業に比べ、著しく様相を異にしているといってよい。

都府県と異なる北海道の農業者と農協

農協のあるべき姿を述べる前に北海道農業の特色について記しておきたい。

都府県の農業と比較すると生産量は圧倒的に第1位となっている農畜産物が多い（次ページ**図5**）。また、農業者の経営耕地面積も1戸当たり23・4㌶と都府県の1・6㌶に対し14・6倍の規模である。営農を専業的に行っている主業農家の割合は70・5％で、都府県の20・1％を大きく上回る。都府県では、専業的農家の割合が小さく、他の産業や職業を主とし、営農は従となる農業者（兼業農家）が大多数を占める。農業者と農協の関係も北海道と都府県では大きく異なることになる。

北海道では、農業者（組合員）とは、主として専業的農家（もしくは主業農家）を指すが、都府県では経営耕地面積が小さく、農業収入や農業所得だけでは、安定した生活や暮らしを築くことが難しい。大部分の農業者が農業所得以外の収入（農外収入）で生計を立てている。農業収入や農業所得の確保が農業者の生計を左右するわけではない。言い換えると農外収入を増やすことに農協が事業として関わることは、農地の転用による宅地造成や賃貸資産の建設、運用などの他

道東北（畑作）地帯

十勝平野、北見、斜網を中心とするこの地域は、広大な農地を生かした大規模な機械化畑作経営が行われており、豆類、てん菜、馬鈴しょ、麦類を中心としたわが国の代表的な畑作地帯となっています。また、北見を中心とするたまねぎは、わが国最大の産地として道外に大量に出荷されています。

道東北（酪農）地帯

根釧、天北を中心とするこの地域は、広大な丘陵と湿原を含む平坦地が大半を占めていますが、泥炭地などの特殊土壌が多く、気候が冷涼であることから、草地が中心となっており、EU 諸国の水準に匹敵する大規模な酪農経営が展開されています。

生産量全国 No.1の農畜産物

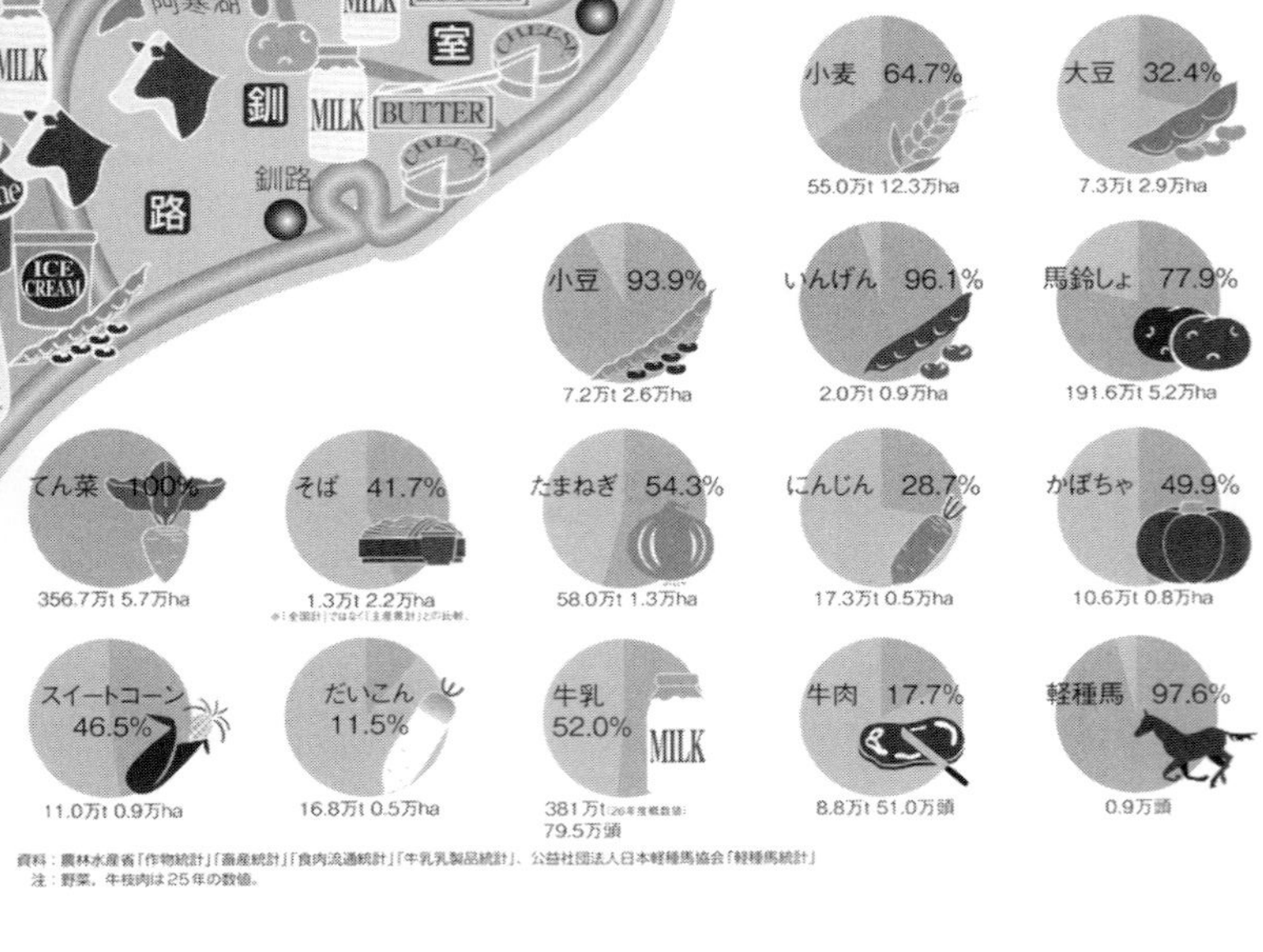

資料：農林水産省「作物統計」「畜産統計」「食肉流通統計」「牛乳乳製品統計」、公益社団法人日本軽種馬協会「軽種馬統計」
注：野菜、牛枝肉は25年の数値。

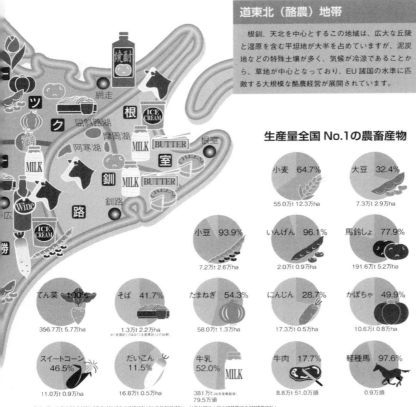

図5　北海道農業の特徴

出所:「北海道の農業 平成27年版」、北海道協同組合通信社

はほとんどないといっていい。

　農業者が農協と共に経済的豊かさを目指す道は細く短く、農協は農業者の大きな力とはなり得ないのである。

　このように北海道と都府県では農協を取り巻く農業の環境が大きく違うため、農協の果たす役割も経営の基本方針も大きく異なっている。

　北海道は農業所得を増やすための農業生産、販売や振興方策の実践が農協事業の柱であるが、都府県では組合員の生活や暮らし（貯金や共済を含む）を守り、向上させることに主軸をおいた農協経営が行われている。

　北海道と都府県の農協の事業報告書や事業計画書を比べてみると、販売取扱高、購買取扱高は北海道、貯金取扱高、共済契約高は都府県が大きな数字になっている。さらにこれらの数字を1戸当たり、組合員1人当たりで割り返して比較してみると明確である。

　私は、このような北海道特有の特性を持つ農協を北海道型農協と呼んで、都府県の農協と区分して運営や経営を論じている。

　ただし、北海道の中にも都市部では、都府県のような経営形態の農協もあるし、都府県でも郡部、中山間地帯などで北海道型に属する農協が見られる。

北海道農業は多種多彩、基幹となるのが農協

　北海道は国土面積で全国の22％（834万ヘクタル）、耕地面積（田畑）で25％（115万ヘクタル）を占める広大な大地である。気候風土も地域で大きく異なる。地帯別に、道南、道央、道東北（畑

作）、道東北（酪農）に4分割できる（前掲図5）。これに準じて主な作目体系を当てはめるなら、道南、道央は稲作、野菜園芸が中心、道東の十勝、オホーツクは畑作、酪農が中心、道東の釧路、根室と道北宗谷は酪農が中心となる。稲作、畑作、野菜園芸、酪農畜産に関わる多種多彩な作目が生産されている。

従って農業者の所得や収入を増やすための農協の役割といっても生産する地帯で、また生産する作目で大きく異なる。北海道型農協はさらに地帯と作目に適した独自の運営が求められている。農協を大別すると稲作型、稲作園芸型、畑作型、畑酪型、酪農専業型に分別できる（他に都市型がある）。

北海道の大地で生産される多種多彩な農産品は、それぞれ農協を通じて消費者に届けられる。農協にはその一つ一つを有利販売することが課せられている。

准組合員の位置付けにも違いあり

このたびの改正農協法では、准組合員利用規制について、5年後をめどに見直すことが明記された。農協が農業者（正組合員）のための運営を怠り、非農業者（准組合員）のための運営となっているので、その制度を見直して、准組合員利用について規制する、というのだ。

この准組合員制度というのは、農村には農業者と非農業者が混住している地域が多くあるため、農協の行う事業で非農業者も利用できるものについては、准組合員として加入してもらい、利用してもらおう、というものである。特に農協以外にそれらの事業を行う店舗や商店のない地域では非農業者にとって不可欠な制度となっている。一方、農協も事業の拡大や利益の増加につながるという利点がある。今日では、ほとんどの農協で正組合員数より准組合員数の方が多い状況にある。

都府県では、事業拡大と利益増加のために、准組合員の加入促進と事業推進に力を入れている農協が多い。農協本来の役割をおろそかにし、行き過ぎた准組合員対応となっている、というのが政府の見方だ。

これは北海道の農協にとって迷惑な話である。確かに北海道も准組合員数の方が多い（正組合員数6万7000人、准組合員数28万5000人＝JA要覧2015）。

しかし、地域が広く、人口の少ない北海道で地方都市や地域社会に住む多くの非農業者にとって、准組合員に加入して利用する農協の事業や店舗は、そこでの生活の基盤である。都府県に多く見られる都市部の准組合員とは違う。なければ転住しなければならなくなる。

農協にとっても豊かな地域社会を目指す上で、なくてはならないパートナーである。農業者だけで社会的豊かさは築けない。

北海道の農協の使命は農業者の経済的、社会的豊かさを目指すことであり、仮に准組合員が増えたとしても運営方針を誤ることはない。

農業において農業者と農協は一体でなければならない

営農年度と営農計画書の作成

農業者は、1年を単位として営農をしている。その単位を営農年度といい、1月から12月までの期間を指す。

新年（1月）を迎えると、まず営農計画書の作成から経営は始まる。営農計画書は、経営を行う上で、最も重要なものだ。1年間の経営の見込みをできるだけ詳しく、具体的に記載しなければならない。でき得る限りの情報を集め、過去の経営の成果、課題、問題点を明確にして、分析し、現段階で実行できる最良の経営の計画書を作成する。

計画書の良しあしが、その年の経営結果を決めるといってもいい。中には、いくら立派な計画を立てても、大雨が降れば、干ばつになれば、台風が、やれ霜が、と言う人がいる。また、計画を立てなくても、長年の経験だとか勘だとか、また他人（農協）任せでいい、と言う人もいるが、今日の商業的な経営においては、欠かせない重要な仕事である。

営農計画書は農協事業計画の基となる

適切な営農計画書が作成されなければ、農協が事業計画を立てる上で、大きな支障が生じることになる。

営農計画書の作成に農協の職員が、深く関わっているのは、適切な営農指導を行うためだが、他方、農協として、事業計画を立てる上で必要な農業情報や経営数量（生産量、取扱高など）を集約するためでもある。

農業者の作成した営農計画書を集計、分析し、これを基にして、その年度の農協の事業計画が立てられる。営農計画書は、農業者の経営ばかりでなく、農協の経営においても最も重要な計画書となる。言い換えるならば、農業者の全員が的確な営農計画書を作成しなければ、信ぴょう性の高い、農協の事業計画書はできないということだ。

農業者の経営と農協の経営は一体となっていなければならない

表9を見てほしい。農業者の営農を月ごとに列記してみた。右側には農協の事業を記載した。農協の営農資材の取り扱いは、営農計画書の数字の積み上げを基として計画しており、農耕期までに最も合理的な方法で、順次、農業者に供給される。農協の農産物・畜産物の取り扱いは、営農計画書の数字の積み上げを基に、集出荷・貯蔵加工施設を効率的に稼動させながら、農業者から逐次、集荷し、販売、貯蔵、加工する。

いずれにおいても農業者の経営と農協の経営は密接に、しかも有機的に結び付いているということだ。私が一体であると論じる根拠がここにある。

小麦生産出荷に見るバランス

小麦の生産出荷を例に、両者が一体で行うことによる経営成果について述べてみたい。

地区内で生産される小麦の収量は、農協の所有する麦乾施設（麦類乾燥調製貯留施設）の稼働能力と一致していなければならない。仮にその稼働能力（主として貯留能力）が、５０００トンであるとすると、営農計画書から積算された見込み収量は、５０００トンとなる。

なぜなら、それ以上の収量は、農協の麦乾施設では処理できないので、取り扱い計画自体が根底から崩れてしまうからだ。反対に見込み収量が下回るとす

表9　農業経営と農協経営は一体であるということ

月	農業経営（営農年度）	農協経営（事業年度）
1	営農計画を立てる⇒営農計画書作成（作目、作付面積、労働力、稼働農機、使用農地・施設など）	営農計画書の作成指導、集約、分析
2		事業計画を立てる⇒事業計画書作成、総会の承認
3	営農資材を購入する　～４月 （種子、肥料、農薬、資材、農機具）	営農資材を供給する　～４月 （種子、肥料、農薬、資材など）
4	農耕する　～５月 （耕作、播種、施肥）	営農指導、作況分析、情報提供、市場調査　～８月
5		
6	農作物を管理する　～８月 （防除、除草、追肥）	
7		
8		
9	収穫する　～10月 （出荷、売り渡し）	集荷する　～11月 （脱穀、乾燥、調製、保管、加工、販売）
10		
11	農産物代金の受け入れ	精算する　～12月 （委託、共計）
12	営農を決算する⇒組合員勘定の精算、収支の確定	
1		決算する⇒事業報告、損益計算、総会の承認

ると、今度は麦乾施設の稼動効率が悪化し、コストの増加につながってしまう。

一致しない場合、営農計画書の作成段階で調整する必要がある。この場合、農業者は、5000トンより多くなれば、作付面積を減らさなければならない。少なければ、増やさなければならないわけだ。

万事このような協議、調整を経て、営農計画書が作成され、これを基に農協の事業計画が立てられる。

両者はまさに一体の関係にあり、やじろべえのようなバランスの上に成り立っている。

図6　組合員勘定（クミカン）制度の仕組み

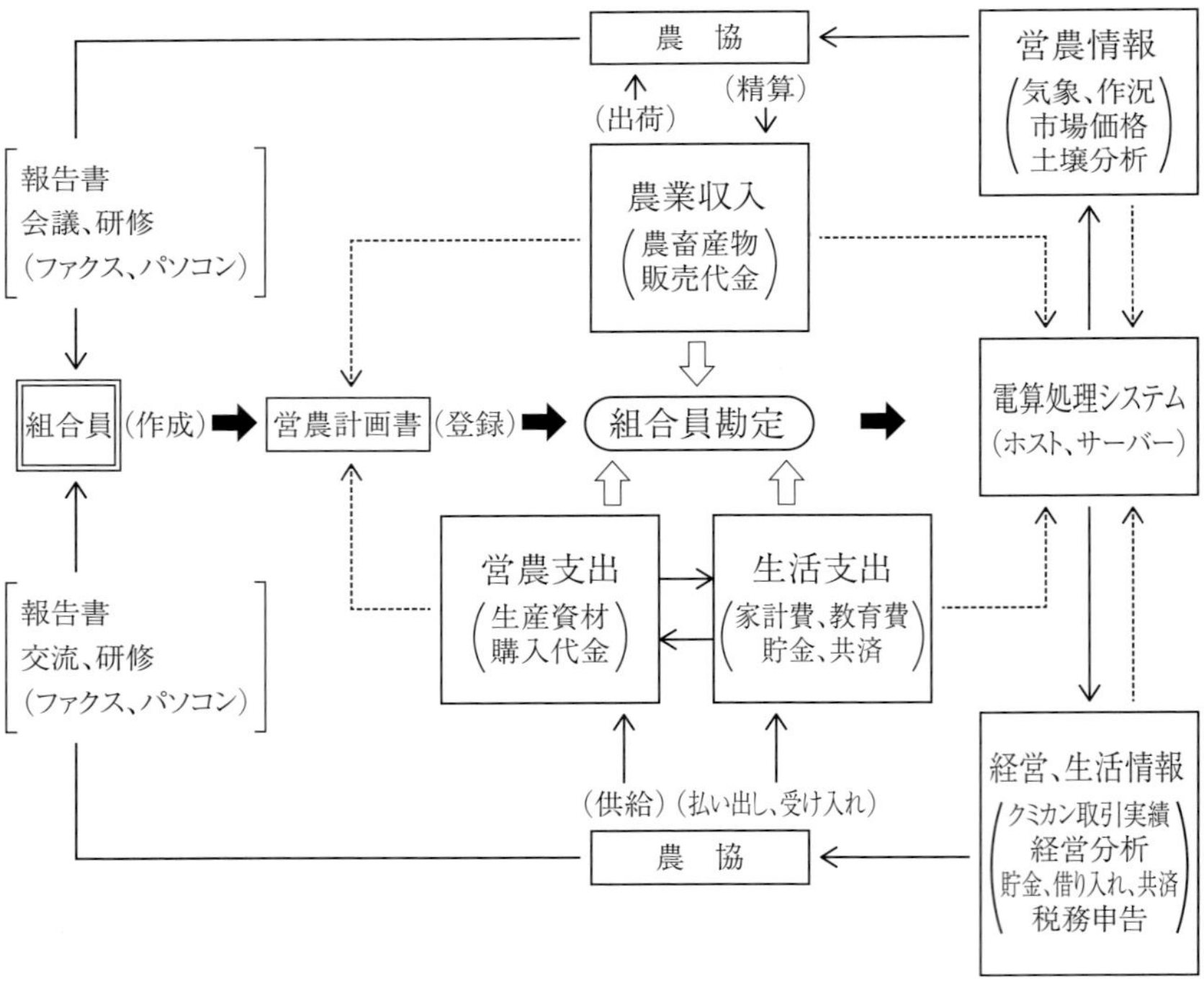

農業者が理解し実践する農業振興計画

農協は、長期（または中期）の地域農業振興計画を策定している。

農業者と農協の経営を一体化するための具体的な農業振興方策や作目別の生産計画、調製加工施設の稼動計画などを示したものである。

農業振興計画は、農業者の経済的豊かさと社会的豊かさを拡大するため、農業者と農協が十分協議し策定する。立てられた計画は両者の理解の下、互いに連携して実践しなければならない。長期計画であってもその成果と実績は毎年、総会などで確認しなければならない。計画と実績に誤差があれば、その原因を分析し、必要があれば計画の変更も必要である。

そうでなければ、絵に描いた餅になってしまい、農業者と農協が一体であることの成果は薄らいでしまう。

組合員勘定制度の仕組みと活用

農業者は経営に組合員勘定（クミカン）制度を活用している。これは都府県では見られない北海道独特の仕組みであり、農業者と農協が一体となって成果を上げるための制度である。この制度は、農業者が営農計画書においてその生産物の全量を農協に出荷し、生産資材は農協から供給を受けることでなければその役割を成さない。

農業者が作成した営農計画書の実績の推移が一目で分かるようになっている（**図6**）。

農業者の作成した営農計画書は、その詳細が農協の電算処理システムに登録され、収入や支出について、都度、項目ごとの受け払いが計算、記録される。

農業者は、営農計画の通り経営や家計が進行しているか、いつでもクミカン報告資料で知ることができる。計画と実績に差異が生じたときには、計画を修正することもある。

また、差異が生じた原因を究明するために、農業諸情報や気象予測を知ることも、経営分析や土壌分析を行うこともできる。

計画の修正は、農協の営農担当者と協議しながら進め、修正部分は農協の事業計画に反映させる。

クミカンは、農業者と農協をつなぐ絆である。経営の安定向上を図る上で、農業者と農協が互いの信頼関係に基づき綿密に連携して実践する制度なのである。

この制度は、北海道の農業者と農協の結び付きを表す象徴的なものといえる。

農協のあるべき姿と進むべき道を確認しよう

北海道農協大会の決議事項

2015（平成27）年11月、北海道農協大会が、全道の農協役職員、組合員、青年部員、女性部員ら2000人を集め、札幌市で開かれた。環太平洋連携協定（TPP）大筋合意、農協法改正など、これまでにない難しい状況の中での開催である。

大会は、各農協が事前に農業者（組合員）討議を行って積み上げてきた、農協自主改革プランを実践し、この難局を、力を合わせて乗り切ろうという内容である。

この中に北海道の農協（北海道型農協）のこれから進むべき道が描かれているといっていい。将来ビジョンを「北海道550万人と共に創る『力強い農業』と『豊かな魅力ある農村』」と設定した。次ページの**図7**はそのイメージである。農業者は農協に結集し、農産品の生産拡大や有利販売をし、さらには生産資材の有効活用などにより経費（コスト）を削減して、農業所得を20％増大する（経済的豊かさの向上）。さらに550万人の道民と連携、協調して、豊かな魅力ある農村をつくる（社会的豊かさの確立）。その実現を確認する大会である。

政府もくろむ所得増大と農協目指すそれとの違いは何か

ところで、大会決議の柱である農業所得の20％増大は、初めからこの大会に向けて農協の組織

図7　JAグループ北海道の目指す農業・農村の姿

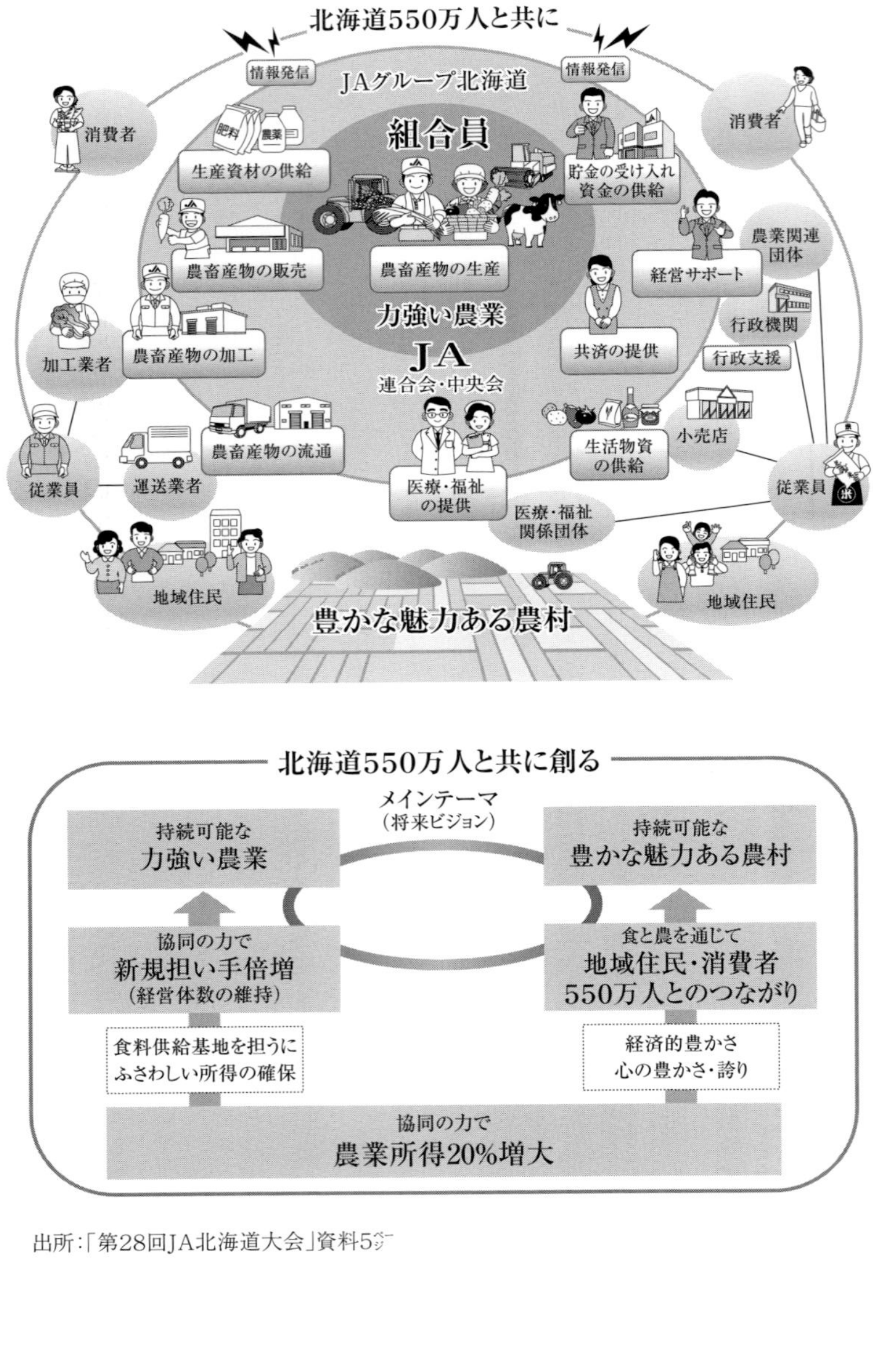

出所：「第28回JA北海道大会」資料5ページ

内で自主的に検討討議し、積み上げた数字ではない。

このたびの農協法改正で政府は、今後、農協が株式会社と積極的に手を組んだり、株式会社に組織替えすれば、農業者は今より多くの利潤を得ることができ、農業所得は20％増大する、としている。具体的に、生産した農産品については農協より高く買い入れる商社や業者に売り渡せば今より多い収入が得られ、生産資材については農協より安く売る商社や業者から買えば支出を減らすことができる。

その結果、20％増大できるというのだ。一部の与党国会議員は、固有の商社や業者名を国会審議の中で口にしている。

農協大会での決議は、農業者は農協に結集し、両者の協同の力で20％増大するというものであり、政府のそれとは違う。

農協がそれでもあえて20％増大としたのは、政府の言いなりでなく、農業者の力を農協に結集することで可能となる数値であるとの確信が持てたからであり、この大会は全道の農協がそれぞれの責任において実行することを約束する場となった。

農業者と農協のこの確約を疑うつもりはないが、もし、20％増大を実行できない農協が出てきたらどうであろうか。政府や世論は、農協は口ばかりで自ら決めたことも守れないではないか、だから政府の言う通りにしなさい、というのは目に見えている。従って、何があっても実行しなければならない大会決議なのである。

もし、まだ北海道農協大会資料（農協自主改革プラン）に目を通していなければ、ぜひ一読してほしい。農協に連絡すれば手に入るはずだ。20％増大を含む農協自主改革プランが実践できるかどうかに、北海道農業と農協の未来が懸かっている。実践するのは読者を含めた農業者である。

農協離れする農業者とどう向き合うか

今、全道の多くの農協が、運営上の最大の課題としているのは、農業者の中に生産した農産品を農協に出荷せず商社や業者に売り渡し、生産資材については商社や業者から買い入れる、といういわゆる農協離れがあることだ。

農協は、それらの農業者に、農協に戻るよう説得し、ニーズに応えられるよう努力しているが、なかなか実効が上がらない。

農協離れの主たる原因が農産品の出荷価格や生産資材の受け入れ価格にあるのならば、農業者と原点に戻る論議をする必要がある。商社や業者は農協価格と比較して価格を設定するからだ。ロッチデール原則は「市価で販売し、商人と競争しない」ということである。原則を守れなくなると農協は成り立たなくなる。

農協離れの原因がニーズに応えてくれないというなら、農業者と討議し、求めるニーズを分析し、洗い直す必要がある。

私は、従来から農協がよく使うニーズという言葉に疑問を感じている。そもそも農協は、農業者の多くのニーズに全て応えることなどできない。何でもできるような期待を持たせるべきではない。

ニーズを絞り込んで、できないものは外し、できると見込めるものを農業者と協調して実践することが重要である。

農協離れした農業者に戻ってもらうことは、なかなか至難である。しかし、そうしなければ農協はその使命と役割を失いかねない。

ただ、農協離れの農業者の多くは、組合員の地位はそのまま農協に置いている。「自ら出資して、運営に責任を持ち、その事業を利用する」という協同組合の原理に反していることになる。中には販売や資材は利用しないが信用や共済は利用するから組合員の地位はそのままでよいとの解釈があるが、これは誤りである。

農業者が協同組合の原理に反するまま組合員としてとどまることは、適当ではない。農協は、農業者に戻ってもらうようさらなる説得に努めなければならない。それがかなわない場合は、脱退に向けて話を進めるべきである。でなければ、農協と一体となり営農している農業者の理解が得られない。

全道生乳一元集荷こそ農協の原点

今、農協が行っている酪農業者のための指定生乳生産者団体制度が揺れ動いている。政府の規制改革会議が、指定生乳生産者団体制度の廃止を提言したからだ。

この制度の背景には北海道酪農の歴史があり、深い理由がある。

今日の酪農は、生乳の生産、販売、加工、輸送、売り渡し、代金回収などを酪農業者一人で行うことができない。さらに、生乳は毎日、生産され、生もので腐りやすく、貯蔵できないなど生産から加工までには時間の制約がある。

農協の役割は地区内酪農業者の生乳を取りまとめて、できるだけ早く集乳し、輸送し、乳業メーカーに適正な価格で売り渡すことにある。北海道には、現在100を超える農協があり、そこに酪農業者がいる。それぞれの農協が個別に乳業メーカーと集乳、輸送、売り渡し価格などの交渉を行うことは有効といえない。そこでホクレンが酪農業者、農協を代表して、乳業メーカーと交渉し、できるだけ酪農業者に有利な価格で売り渡すこととした（全道生乳一元集荷・多元販売）。

　乳業メーカー側も連携して、交渉に臨むことが通常となると、農協、ホクレンもこれに対処する形で新たに出資して、自前の乳業メーカー（よつ葉乳業）を設立する。

図8　指定生乳生産者団体制度の仕組み

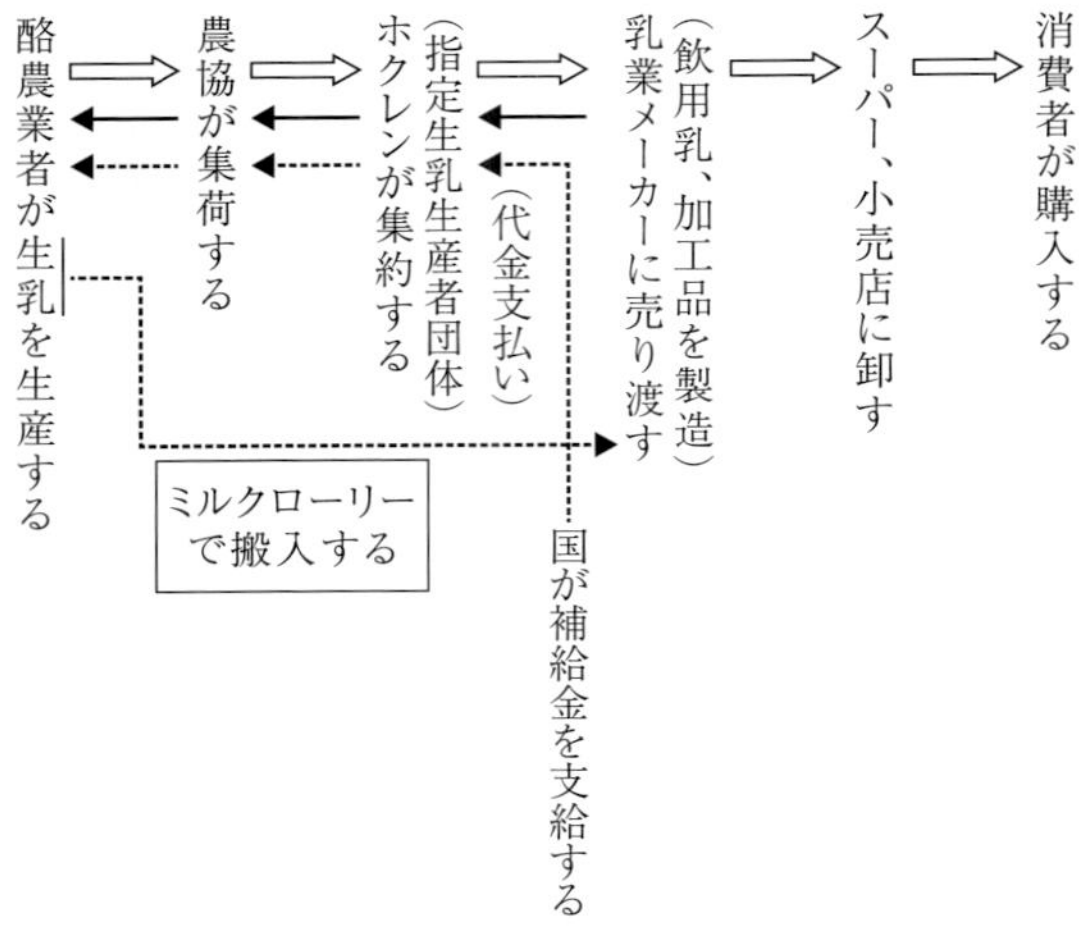

　広い北海道で生産される生乳は、その風土や気候、食餌、環境などで乳量や乳質にいくらかの差が出る。さらに生産地から乳業メーカー（または集乳工場）までは迅速な輸送が必要であり、輸送距離は、個々で大きく異なる。それにより輸送費を含む生乳の原価は地域により大きく異なることになる。

　農協、ホクレンが行うこの事業は、さらに売り渡し価格（酪農業者の手取り）を全道同一としたことにより、今では協同組合理念に基づく実践事例の象徴的なものになっている。

　やがて売り渡し価格において、新たな問題が生まれる。飲用向けと加工向けとの価格格差だ。飲用向け（飲み物として紙パックなどで販売）は高く、加工向け（チーズ、バター、粉ミルクなどに加工）は安い。生産乳は飲用向けも加工向けも全く同じものなのだ。

そこでその価格格差を埋めるため、国が補助金を出すことになり、設けられたのが、指定生乳生産者団体制度だ（**図8**）。指定団体は全国10地域にあり、北海道はホクレンが指定され、酪農業者に補給金を支払っている。指定生乳生産者団体制度の廃止は、時間をかけて築き上げてきた、全道生乳一元集荷・多元販売体制をも崩しかねない。そこが規制改革会議の狙い目なのだ。

全道生乳一元集荷・多元販売とそれに伴う指定生乳生産者団体制度こそ原点であり、農協のあるべき姿である。

農協理念の再構築と農協の進むべき道

今日、農業者と農協を取り巻く環境は日々変化し、なかなかその将来を見通すことができない。特にTPP交渉の大筋合意は、日本の農業を崩壊しかねない危うさである。政府は、農業は国内において利潤が見込める成長産業であるとして、株式会社によるビジネス農業の経営と輸出の促進をうたう。そのために農協法を改正した。

私は、本書の中で、協同組合と株式会社の違いを繰り返し述べてきた。農業は有史以来、国の支柱である。近代国家を目指す明治政府は、その農業と協同組合（産業組合）を結び付けた。戦後も農業は協同組合（農協）と一体であった。今の政権は農業のパートナーを協同組合から株式会社に移行するというのだ。

農業者はこの状況を傍観しているわけにはいかない。なぜなら、農業者はこれまで協同組合と一体となり、この国の農業をつくり、守ってきたのだ。これからも農協と一体になり進まなければならない。

そのために、農協についてもう一度、学習してほしい。農協をよく知っている人も、あまり知らない人も、ほとんど知らない人も。

それでもパートナーを株式会社にするというのなら、その道を行くのがよい。農協の組合員は、加入も脱退も本人の自由意思で決められる。

勝ち組、負け組をつくらない相互扶助

私たちが目指す幸せな生活や豊かな暮らしは、一人の力だけでは達成することができない。仲間と話し合い、手を取り合って少しずつ実現してきた。協同組合では、それを協同とか共生という。また相互扶助と呼んで、活動のスローガンとしている。

競争して勝ち組になれば、幸せになれるという株式会社の理念とは相いれない。勝ち組があれば、必ず負け組がある。負け組はどうすれば幸せになれるというのだろうか。

図9　協同とは

It's an old story—Co-operation is best.
この絵は、お互いが身勝手に振る舞うよりは、力を合わせることの大切さを教えている。

図9の絵は、お互いが競い合うより、力を合わせる（協同する）ことの大切さを教えている。これが株式会社であれば、4枚目の絵では、決着がつく（勝つ）まで引き合い、5枚目は勝った方は自分の餌を食べ、6枚目は相手の餌も食べてしまう（勝ち組）ということになる。負けた方は餌にはありつけない（負け組）ということだ。

相互扶助とは勝ち組、負け組をつくらないこと。参画する誰もが幸せな暮らしや豊かな生活を目指すことである。経済的豊かさと社会的豊かさは、農業者と農協が一体となり協同してつくり上げるものである。

それが私の知ってほしい農協論である。

あとがき

今日まで農協は、ひたすら農業者の経済的、社会的豊かさを追い続けてきたといっていい。その結果、この二つの豊かさはある程度達成しつつある。

北海道の農業者は今、開拓以来、最も経済的に豊かな時代にある。これまで農業者は自分たちを「経済的弱者」と呼び、常に貧しい境遇にあり、働いても働いても暮らしは楽にならないと訴えてきた。その思いを示すため貧しさの象徴である、むしろ旗を掲げて国会議事堂周辺を行進したこともある。

農業者の中に、今日明日の食事にも事欠き、着る物もなく、住む所もないという者は一人もいない。また、そういう者の面倒を見ることのできない農協も一つもない。もう「経済的弱者」ではないのである。

一方、農村社会は、農業者の相次ぐ離農と高齢化、後継者不足という厳しい環境下にある。しかし、多くの離農があったから、今の規模拡大ができた。高齢化は国家の命題であり、農業者だけではいかんともし難い。少子化の影響はあるものの、後継者や新規就農者の就農は底止まりで、今後は増加も見込まれる。高齢者は、パークゴルフやカラオケを楽しみ、花を植え、野菜づくりに興じている。社会的豊かさは、少しずつ整ってきたのである。

平田東助と品川弥二郎が尽力して、持ち込んだ農林水産業（第1次産業）のための協同組合は、幾多の雨嵐や風雪に耐えてこの国に根付き、立派な木になった。

ただ、農業者の中にはいつもあるその木に見慣れ、木がなぜここに植えられたのかを知らない者もいる。知らない者は今こそ学んで知ってほしい。知っている者は皆に教えてほしい。

この木を育み大きくすることは、農業者にしかできない。

この木を枯らしてしまうと農業は滅びる。株式会社に代役はできない。株式会社は農業者の経済的、社会的豊かさをつくることが目的ではないのである。

本書執筆の頃、ウルグアイの元大統領、ホセ・ムヒカが来日し、各地で豊かさとは何か、人生で大切なこととは何かを説いた。彼は大統領時代の2012年、ブラジルのリオデジャネイロで開催された国連会議でスピーチし、世界中の人々に衝撃を与えた。彼はその中で「貧乏な人とは、少ししか物を持っていない人ではなく、無限の欲があり、いくらあっても満足しない人のことだ」と述べている（「ホセ・ムヒカの言葉」＝双葉社＝に詳しい）。

彼がこれまでに協同組合と関わったことはあるのか、あるいは協同組合原則に知識があるのかは分からないが、農協が追い続けてきた経済的、社会的豊かさとはそういうものなのかもしれない。ホセ・ムヒカが説く豊かさが、本当の豊かさなのかもしれない。

本書は、北海道協同組合通信社の月刊誌「ニューカントリー」に連載した「農協って何」（2009年3月～2010年3月）および「知っておきたい農協論」（2015年4月～2016年3月）に加筆し、一部書き直してまとめたものである。

発刊に当たり、北海道協同組合通信社の新井敏孝氏と鈴木弘美氏に大変お世話になった。両氏に心からお礼申し上げたい。また執筆にかこつけて家の祭事や催し事もせず、漫然と過ごす日々を黙諾してくれた妻恵美子に感謝する。

参考文献

「ロッチデールの先駆者たち」（G・J・ホリヨーク、協同組合経営研究所、1968年）
「協同組合運動の一世紀」（G・D・H・コール、家の光協会、1975年）
「ロッチデイル物語」（友貞安太郎、コープ出版、1994年）
「ロバアト・オウエン論集」（ロバアト・オウエン協会編、家の光協会、1971年）
「ライファイゼン物語」（フランツ・ブラウマン、家の光協会、1968年）
「百姓たちの江戸時代」（渡辺尚志、ちくまプリマー新書、2009年）
「日本童謡集」（寺山修二、光文社、1972年）
「アメリカ小麦戦略」（高嶋光雪、家の光協会、1979年）
「商法改正」（浜辺陽一郎、ダイヤモンド社、2002年）
「農協の大義」（太田原高昭、農文協、2014年）
「亡国の農協改革」（三橋貴明、飛鳥新社、2015年）
「新版　協同組合辞典」（家の光協会、1986年）
「私たちとJA」（JA全中、2013年）
「北海道の農業　平成27年版」（北海道協同組合通信社、2015年）

北海道農業協同組合学校非常勤講師
渡辺　邦男

わたなべ　くにお　1973年中央協同組合学園卒業。同年北海道農業協同組合中央会入り。合併推進課長、旭川支所長、経営対策部長などを歴任。2005年北海道農業協同組合学校総務部長。同研修科長を経て2016年から現職。農協監査士。専門は協同組合論、農協経営論。1950年幕別町生まれ。

知っておきたい農協論

2016年9月16日発行

著　者　渡辺　邦男

発行所　株式会社北海道協同組合通信社
〒060－0004
札幌市中央区北4条西13丁目1番39
電話 011－231－5261　ファクス 011－209－0534
ホームページ http://www.dairyman.co.jp

発行人　新井　敏孝

印刷所　山藤三陽印刷株式会社

定価 1,111円＋税
ISBN978-4-86453-042-2　C3061　¥1111E